红树林蓝碳

二氧化碳摩尔分数倍增情景下
红树林湿地碳、氮储量的研究

刘珺 著

化学工业出版社

·北京·

内容简介

本书介绍了中国红树林概况、CO_2摩尔分数升高对红树林湿地生态系统的影响及其进展，介绍了CO_2摩尔分数倍增情景下红树林湿地碳、氮储量变化研究的试验模拟方法。对两种红树植物秋茄、桐花树湿地系统在CO_2摩尔分数倍增情景下碳、氮含量的变化，以及其与红树植物生物量之间的关系进行了研究，并探讨微生物种群和数量对CO_2摩尔分数倍增的响应，如何建立红树林湿地系统碳、氮储量模型，以及红树林湿地系统碳、氮储量的变化趋势。上述研究对红树林湿地在CO_2摩尔分数倍增情景下维持系统结构与功能平衡、减少高浓度二氧化碳对于红树林生态系统的固碳潜力破坏以及控制大气温室气体浓度具有重要意义。

本书可供对红树林蓝碳碳储量评估感兴趣的自然资源管理者、科研工作者阅读，也可供相关专业的高等院校师生学习，还可供相关社会团体、地方和政府行政管理人员参考。

图书在版编目（CIP）数据

红树林蓝碳：二氧化碳摩尔分数倍增情景下红树林湿地碳、氮储量的研究 / 刘珺著 . — 北京：化学工业出版社，2024.8
ISBN 978-7-122-45773-8

Ⅰ. ①红… Ⅱ. ①刘… Ⅲ. ①红树林－沼泽化地－碳－储量－研究 ②红树林－沼泽化地－氮－储量－研究 Ⅳ. ①S718.54

中国国家版本馆CIP数据核字（2024）第108109号

责任编辑：王文峡　　　　　　　　文字编辑：周家羽
责任校对：田睿涵　　　　　　　　装帧设计：韩　飞

出版发行：化学工业出版社
　　　　　（北京市东城区青年湖南街13号　邮政编码100011）
印　　装：北京机工印刷厂有限公司
710mm×1000mm　1/16　印张10¾　字数160千字
2024年9月北京第1版第1次印刷

购书咨询：010-64518888　　　　　售后服务：010-64518899
网　　址：http://www.cip.com.cn
凡购买本书，如有缺损质量问题，本社销售中心负责调换。

定　　价：69.00元　　　　　　　　版权所有　违者必究

　　大气 CO_2 浓度升高不仅能够引起全球的气候变化，而且 CO_2 作为植物光合作用的"原料"，对植物生物量产生影响，可通过有机碳分配的变化影响生态系统碳和氮的储量。红树林是指热带海岸潮间带的木本植物群落，是陆地过渡到海洋的特殊森林类型。其在碳储量控制、固碳潜力、氮循环、土壤分解方面都有一定的优势。目前，随着人们在全球气候变化研究中对生态系统碳循环的关注度越来越高，红树林因其初级生产能力极高和碳循环周期短的特点，成为国内外学者深入研究的对象。

　　近年来，我国高度重视红树林保护工作，在湿地保护法中专门设置了红树林条款，组织实施《红树林保护修复专项行动计划（2020—2025年）》。2023年5月13日，自然资源部办公厅印发实施6项蓝碳系列技术规程，对红树林、滨海盐沼和海草床三类蓝碳生态系统碳储量调查评估、碳汇计量监测的方法和技术要求作出规范。红树林初级生产能力高、碳循环周期短，作为三大滨海蓝碳之一，成为众多学者研究的焦点。借由国内外学者研究现状可以发现，红树林湿地生态系统对于 CO_2 有着较好的固碳缓释作用，同时还能够有效增强氮循环效应并且排污净污，这似乎是一条缓解大气 CO_2 浓度升高的有效解决途径，能够助力实现"双碳"目标。

　　本书选题内容为 CO_2 摩尔分数倍增对红树林湿地生态系统及碳、氮储量的影响机理，旨在对红树林湿地在 CO_2 摩尔分数倍增情景下维持系统结构与功能平衡、减少高浓度二氧化碳对于红树林生态系统的固碳潜力破坏、控制大气温室气体浓度等方面研究提供数据参考，对充分发挥红树林湿地生态系统固碳作用具有重要意义。

本书内容引入新技术和新方法，并兼顾了学术成果与科普知识，章节划分便于读者迅速掌握关于碳储量研究的相关方法。本书关注生态学领域中蓝碳这一热点议题，并对未来 CO_2 摩尔分数倍增情景下红树林湿地系统碳、氮储量的变化趋势进行了预测，具有一定的前沿性，不仅对科学界具有重要意义，也对政府相关工作人员、决策者、企业和一般公众具有广泛的参考作用，对红树林蓝碳碳储量评估感兴趣的自然资源管理者、科学家、社会团体、地方和国家机构，都可以使用此书。

本书试验部分的外业工作和内业工作都非常辛苦，在此感谢为本次试验付出辛勤劳动的周培国老师、黄靖宇老师；感谢硕士研究生罗舒君、李凡、邹胜男、崔喜博等。

本书的研究成果希望能对研究红树林生态系统的固碳潜力、控制大气温室气体浓度及湿地生态系统的管理提供一些基础的依据。一些科学问题的解释和分析方面存在不足，希望读者能够批评指正。

刘 珺

2024 年 2 月

目 录

第三章　海南红树林湿地环境特征 　　　　　　　　　047

第四章　CO_2 摩尔分数倍增对红树林植物秋茄、桐花树植物性状及其生物量的影响 　　　　　　061

第五章 CO_2摩尔分数倍增对秋茄、桐花树模拟湿地系统 C、N 含量的影响 083

第一章

红树林湿地 C、N 储量
及研究进展

1.1　研究背景及意义

从十八世纪六十年代开始，随着工业革命的发展，陆地生态系统开始遭到破坏，大面积的草地、森林以及湿地等植被被毁，使得生态系统的固碳功能被严重削弱，煤炭、石油等化石燃料的大量使用，导致大量的 CO_2 被排放到大气中，使得大气的温室效应不断增强。工业化前（1750 年之前）全球大气 CO_2 平均浓度保持在 278.3ppm［干空气中每百万（10^6）个气体分子所含的该种气体分子数］左右，由于人类活动排放（化石、生物质燃料燃烧，水泥生产以及土地利用变化等）的影响，全球大气 CO_2 浓度不断升高。2022 年全球和青海瓦里关站 CO_2 年平均浓度分别达（417.9±0.2）ppm 和（419.3±0.2）ppm，过去 10 年的年平均绝对增量分别为 2.46ppm 和 2.16ppm。2022 年区域站大气 CO_2 年均浓度如图 1-1：北京上甸子站为（428.5±0.4）ppm、浙江临安站为（437.7±0.4）ppm、黑龙江龙凤山站为（424.9±0.6）ppm、云南香格里拉站为（420.2±0.1）ppm、湖北金沙站为（431.8±0.5）ppm、新疆阿克达拉站为（421.4±1.3）ppm，月均值与 2021 年同期相比总体上呈现增加之势。大气中 CO_2 的含量激增，会产生一系列的生态问题，如全球气候变暖，极地和山地冰雪融化、海平面上升、气象灾害频发等，而且还会使得生物以及农作物体内的铁、锌等微量元素流失，对人类的健康造成严重影响。全球范围内，那些高脆弱度的群体和生态系统，往往受到气候变化影响更为严重。损失与损害问题正在随着气候变暖加剧而显得愈发严峻和紧迫。例如，如果全球气温上升超过 1.5℃，依赖冰雪融水的地区将可能面临无法适应的水资源短缺问题；若气温升高 2℃，重要种植区同时出现玉米减产的风险将急剧上升；若气温升高超过 3℃，夏季高温将威胁南欧部分地区居民的生命。

图 1-1 为中国气象局 7 个大气本底站 2006～2022 年大气 CO_2 逐月平均浓度

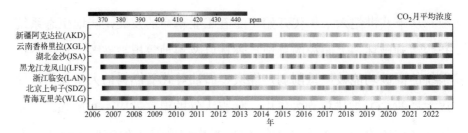

图1-1　中国气象局7个大气本底站2006～2022年大气 CO_2 逐月平均浓度

（图片来源：中国温室气体公报）

大气中 CO_2 浓度与生态系统中碳和氮的循环互为影响，因此随着大气中 CO_2 浓度升高，全球气候变暖，对生态系统中的碳、氮循环也产生了很大的影响。氧化亚氮（N_2O）是影响地球辐射平衡的重要的长寿命温室气体，至 2022 年在全部长寿命温室气体浓度升高所产生的总辐射强度中的贡献率约为 6%。N_2O 通过自然源（约 57%）和人为源（约 43%）排入大气，包括海洋、土壤、生物质燃烧、化肥使用和各类工业过程。工业化前全球大气 N_2O 年平均浓度保持在 270.1ppb［干空气中每十亿（10^9）个气体分子所含的该种气体分子数］左右。由于人类活动排放，全球大气的 N_2O 浓度不断升高。中国气象局于 1996 年首先在瓦里关站开展对 N_2O 的观测，至 2009 年逐步扩展到了 7 个大气本底站。2022 年全球和瓦里关站的 N_2O 年平均浓度分别达（335.8±0.1）ppb 和（336.5±0.2）ppb，过去 10 年的年平均绝对增量分别为 1.05ppb 和 1.09ppb。

养分对于陆地生态系统净初级生产力（NPP）的限制非常明显，CO_2 浓度升高的条件下，氮素经常成为影响生态系统生产力的限制因素，尤其是光合作用对氮的需求和生态系统氮的有效性密切相关，因而碳储量和碳通量受氮素的密切调控。

红树林主要位于热带海岸潮间带，是一种木本类植物。红树林在我国分布地主要集中于福建、台湾、广东、广西和海南岛沿海的港湾、河口等水域。红树林是陆地过渡到海洋的特殊森林类型，虽然其面积在世界陆地森林面积中只有6‰左右，但是在热带以及亚热带的海岸生态系统中的作用不容忽视。人们将红树林称为"海岸卫士"，这是由于其特有的抵抗海浪冲击、保持海岸水土的作用，形成了海岸线的第一道天然防线；另外，红树林在维持大气中的碳氮平衡以及保持生物多样性、净化海水与大气、保持海岸生态环境、发展生态旅游、科普教育等方面也具有独特的生态、社会和经济效益。在碳、氮储量方面，红树林树种具有良好的固碳封存能力。

蓝碳指储存在红树林、潮汐盐沼和海草床的土壤、地上活生物质（叶、枝、干）、地下活生物质（根）和非活体生物质（如凋落物和枯死木）中的碳。与陆地生态系统中储存的碳一样，蓝碳是在相对较短的时间内（几年到几十年）被植物活体固定下来的碳。不同于陆地生态系统，滨海生态系统土壤中固定的碳可大范围且长时间封存，因此形成巨大的碳储量（Duarte et al. 2005；Lo Iacono et al. 2008）。蓝碳生态系统中的碳分为内源碳和外源碳，两者应依据项目需要而独立评估。

内源碳：碳的产生和沉积的位置相同。植物通过光合作用从大气或海洋中固定二氧化碳，转移到植物组织中（如叶片、茎、根和根状茎），进而增加植物生物量。其中，一部分植物生物量被分配到根系中，在厌氧的土壤中缓慢分解，进而形成储存在沉积物中的碳。

外源碳：碳的产生和沉积的位置不同。蓝碳生态系统水汽活动频繁，常受海浪、潮汐和海岸洋流的扰动，从邻近的生态系统中（近海或陆地）获得沉积物和有机质。滨海系统中的植物根系和冠层结构复杂，可以有效捕获流经该系统的沉积物，使之沉积到当地的碳库中。

吕铭志等在《中国典型湿地生态系统碳汇功能比较》中表示，湿地生态系统的碳循环在全球陆地碳循环与转化过程中都占据着非常重要的位置，对调节全球大气中的 CO_2 和 CH_4 这两种主要温室气体的平衡也有着直接的关系和影响，并且在湿地生态系统的碳转化功能比较中，红树林湿地系统对于碳的沉淀与转化固定效果是最为显著的。张莉等在《红树林湿地碳储量及碳汇研究进展》中更是对红树林湿地系统的固碳能力以及碳转化效率进行了高度肯定，其碳转化效率要高于一般的森林生态系统。颜葵在《海南东寨港红树林湿地碳储量及固碳价值评估》的研究中对海南红树林湿地系统的碳储量以及固碳价值进行了研究分析，得出湿地植物碳储总量为 125914.5t 的结论。目前海南红树林湿地的土壤中，碳储量约为 269037.33t，而且由于根系分布特征的区别，不同群落土壤有机碳的垂直分布也有很大的差别。李真在《海南岛红树林湿地土壤有机碳库分布特征研究》中发现，红树林湿地系统中的植被不仅可以从大气中完成对 CO_2 的固定，而且由于在水底长时间缺氧会导致碳在土壤中进一步沉淀，因此，红树林湿地对固碳有非常明显的优势。胡杰龙在《红树林土壤温室气体的排放规律及影响因素研究》中也对氮元素的转化过程进行了研究与分析，研究提到：红树林湿地生态系统虽然面积有限，但其土壤中除了蕴含着高于 10% 陆源的可溶性有机碳，也蕴含着比例大约为 2% 的氮元素值，这对于生态系统中碳元素与氮元素的平衡与转换控制都有着非常大的帮助。陈卉在《中国两种亚热带红树林生态系统的碳固定、掉落物分解及其同化过程》一文中以中国亚热带的红树林生态系统作为研究案例，对生态系统中碳的固定与分解同化过程进行分析研究。研究发现，红树林生态系统中碳的固定与氮元素的平衡性转换关系密切，湿地生态系统中的碳贮量和碳通量都会受到氮循环的密切调控。红树林湿地生态系统在碳储量控制、固碳潜力、氮循环、土壤分解方面都有一定的优势，研究红树林湿地生态系统的碳、氮储量对控制大气温室气体浓度有着重要的作用。

2020 年，我国在第 75 届联合国大会承诺，我国 CO_2 排放量力争于 2030 年达到峰值，2060 年实现"碳中和"。蓝碳对缓解气候变暖、减少温室气体排放具有重要作用，是实现碳减排的可行路径。研究表明，红树林、盐沼及海草床的固碳速率分别为 226g/（m^2·a）、218g/（m^2·a）、138g/（m^2·a），陆地温带林、热带林和北方林分别为 5.0g/（m^2·a）、5.1g/（m^2·a）、4.6g/（m^2·a）。滨海湿地作为温室气体减排增汇的重要区域，每平方公里的年碳埋藏量预计可达 0.23Gg C，远高于深海碳埋藏速率，同时也高于陆地碳汇。蓝碳生态系统不仅能调节水质，为鱼类和贝类提供重要栖息地，为人类提供木材，还是许多濒危和珍稀物种的栖息地，为重要的经济物种提供生存空间，兼具美学和生态旅游功能。

随着学者们在研究全球气候变化的过程中对生态系统碳循环的关注，再加上红树林初级生产能力高、碳循环周期短的特点，红树林成为众多学者研究的焦点。大气 CO_2 浓度升高不仅能够引起全球的气候变化，并且作为植物光合作用的"原料"，对植物生物量产生影响，进而通过有机碳组分的变化影响生态系统碳和氮的物质循环过程。就红树林湿地而言，CO_2 摩尔分数倍增对碳和氮储量产生什么样的影响，目前还不是很了解。如果能够明确 CO_2 摩尔分数倍增对红树林湿地生态系统及碳、氮储量的影响机理，对红树林湿地在 CO_2 摩尔分数倍增情景下维持系统结构与功能平衡、减少高浓度二氧化碳对于红树林生态系统的固碳潜力破坏、控制大气温室气体浓度方面具有重要意义。

1.2 国内外研究进展

1.2.1 中国红树林概况

（1）红树林分布情况

红树林属木本植物，为常绿灌木，也可归为小乔木科，主要分布在热带以及亚热带的海岸潮间带，在一些河流入海口也较为常见，红树林在海岸泥滩上会受到海水的周期性浸淹。红树林是世界上少数几个物种最多样化的湿地生态系统之一，生物资源非常丰富。目前全球红树林植物有 83 种，分为 24 科 30 属，分布于我国的红树林属于东方类群，共 37 种，分为 8 个群落，21 科 25 属。主要分布在我国的广东、广西、海南、台湾、福建、浙江等地，香港、澳门地区也有少量分布。自然生长最北在福建省福鼎市，最南在海南省榆林港，浙江省的红树林属于人工种植。南海的岛屿雨量充沛、气候适宜，但是只有少数的半红树植物种类，例如海刀豆等，真正的红树非常少，也没有形成种群。红树林主要生长在海岸潮间带，是在海陆边缘存在的独特的生态系统，从功能与结构上看，既不同于海洋生态系统，也与陆地生态系统不同，在平衡自然生态环境中有着非常特殊的作用，表现出多样化和复杂化的特点。红树林湿地生态系统生产力极高，被称为世界四大海洋生态系统之一。

在我国，红树林主要分布于海南的榆林港（$18°09'N$）至福建福鼎的沙埕湾（27°20′N）之间，涵盖海南、广东、广西、福建、浙江及台湾、香港和澳门等8地区。海南岛地处热带，海岸线绵长，港湾众多，河流入海口角度狭窄，这些都是红树林生长的天然环境，因此海南岛是我国红树林植物分布面积最大、种类最为丰富、生长态势最好的地方。新中国成立后，海南省进行大面积的围塘养殖、围海造田，再加上城市建设用地，红树林面积急剧缩减，20世纪50年代初，海南岛有红树林4.2万 hm²，目前只剩下1.4万公顷。历史上我国红树林面积曾高达25万公顷，但是随着人类对海岸带的无节制开发使得红树林遭到严重破坏，目前自然分布的红树林只剩下北起福建福鼎市，南到海南榆林湾的1.5万公顷左右。在海南，红树林保护的整体现状也不容乐观，面积由最初的1万余公顷到现在仅余3900多公顷，尤其是乐东与昌江一带的红树林早已消失无踪；万宁、琼海、澄迈、儋州等地的红树林也由于不合理开发导致生长质量不断下降，面积锐减，残次林面积增加，湿地斑块化严重。

目前我国红树林共有8个群落，包括红树群系、木榄群系、海莲群系、红海榄群系、角果木群系、水椰群系、海桑群系与秋茄群系，而且因分布地区的不同差异较为明显。我国的红树植物共分21科25属37种，其中真红树植物有12科15属26种，半红树植物有9科10属11种。目前我国红树林在各地区分布面积与分布状况如表1-1所示。

中国有红树植物21科25属37种，其中真红树植物11科14属26种，半红树植物10科11属11种。此外，外来引种的2种真红树植物，无瓣海桑和拉关木已成为我国的广布种。除长期生存于林下的蕨类外，红树林群落内外的草本植物和藤本植物一般不被列入红树植物范畴，而属于红树林伴生植物。随着纬度的升高，红树植物种类逐渐减少，其中海南拥有最多红树物种，我国已记录的物种在海南均有分布；浙江只有引种的秋茄 1 种。

表1-1　我国各地区红树林的面积及主要分布

地区	面积 /hm²	种数	主要分布（地名）
海南	4836	35	海口、琼山、文昌、琼海、万宁、陵水、三亚等地
广西	5654	14	合浦、北海、钦州、防城港等地
广东	3813	18	深圳、湛江、珠海、江门、汕头、阳江等地
福建	260	9	厦门、云霄、晋江、莆田等地
台湾	120	17	台北、新竹、高雄等地
香港	263	11	米埔等地
澳门	1	5	凼仔湾与路环岛之间的大桥西侧海滩等地
浙江	8	1	瑞安等地

（2）红树林分布的影响因素

潮间带的生境条件是限制红树植物生长和成活的关键要素，因此适宜林地的选择是红树林生态修复的关键因素之一。同时，这些生境条件对红树林生态系统的生态学过程，例如初级生产力和营养物质的循环也有影响。

① 气候。温度是调节生物生长繁殖最重要的环境因子，也是控制红树林天然分布的决定因素。红树林植被为热带或亚热带海岸物种，对低温较敏感，宏观分布的纬度界线主要受温度（气温、水温或霜冻频率）控制，尤其与水温关系更为密切。纬度决定了所在区域的气候特征，最低月气温决定了红树林能否安全越冬。但是通过人工驯化，某些红树植物的种植温度范围可超越天然分布的界限。从地理分布看出，红树林植物种类的分布与纬度有很大的关系，随着纬度的增加，红树植物的物种多样性逐渐减少，相比其最适宜分布区，红树植株也

逐渐矮化。

② 盐度。红树植物对盐度有一定的适应范围，在盐度约2～35的河口海岸线生长较好，但在淡水和盐度较高的海水中生长不良。不同种类的红树植物对盐度的耐受性不同。桐花树属、老鼠簕属、白骨壤属均具有泌盐特性，其体内只能容纳一定的盐分，随着环境盐度的增大，植物体内盐分吸入量增加后有能力将相应的盐分排出体外，因而能适应较高盐度环境。在生长上，红树植物总体呈现低盐促进高盐抑制生长的规律。盐度过高时会严重影响红树植物的生物量累积。

③ 底质类型。底质类型是控制红树林天然分布的重要因子。学者把红树林划分为软底型（河口海湾环境淤泥潮滩）、硬底型（大洋环境砂砾质潮滩）及其间的过渡类型，表明了红树林海岸沉积物的巨大差异。尽管红树林也可以生长在砂质、基岩和珊瑚海岸，但它们主要是分布在软泥型的环境中。不同底质类型对红树林的生长状况影响也很大，砂质地、排水不畅的烂淤地、干涸地均不利于红树林生长。

④ 水文条件。红树林适宜生长在有良好屏蔽的港湾、河口、潟湖、海岸沙坝或岛屿的背风侧、珊瑚礁坪后缘，以及与优势风向平行的岸线等，而不能分布于受波浪作用较强的开阔岸段。强波浪妨碍底质的泥沙沉积，并且阻碍红树林植物幼苗扎根和生长。极端天气现象造成的强波浪和风暴潮会对红树林造成破坏，热带气旋和飓风产生的波浪对红树林可以产生负面影响甚至毁灭性的打击。红树林一般分布于平均海面与大潮平均高潮位之间的滩面，这是红树林总体受潮汐淹浸控制的表现，过长时间的淹浸或滩地积水将会干扰某些红树植物的正常生长及生理活动。红树植物对淹浸的耐受程度决定了红树植物在潮间带横向的分布状况，这对于各区域造林物种的选择至关重要。

1.2.2 CO_2 浓度升高对湿地生态系统 C、N 循环的影响

随着我国工业化速度的不断加快，资源开发利用越来越多，产业发展速度也不断加快，再加上经济全球化的影响，使得大气中 CO_2 含量不断上升。2020 至 2060 年大气中 CO_2 浓度的预测值如表 1-2 所示。根据科学家的预测，到下个世纪中叶，大气中 CO_2 浓度将会达到现在的 2 倍左右，也就是我们所说的 CO_2 倍增。一旦这种情况发生，将会对全球的气候产生重大影响。因此，人们对 CO_2 排放影响气候的问题关注度越来越高，认为其将会成为影响经济发展的重要因素之一。大气 CO_2 浓度升高不仅能够引起全球的气候变化，而且 CO_2 作为植物光合作用的"原料"，对植物生物量产生影响，进而通过有机 C 组分的变化影响生态系统 C 和 N 的物质循环过程。

表1-2 2020至2060年大气中CO_2浓度预测值

年份	2020	2030	2040	2050	2060
预测值 /（μmol/mol）	411	436	464	493	525

（1） CO_2 浓度升高对湿地植物性状的影响

随着 CO_2 浓度的升高，植物的苗高、生物量、叶面积、根茎比等生物形态将会发生很大的改变。

植物的根是固定植株的重要构成，同时还可以从土壤中吸收水和养分，在根系中合成植物碱与氨基酸，提供给植物生长。如果 CO_2 的浓度持续升高，会导致植物根系的数量增加，根系的表面积就会更大。通过对玉米、大豆以及小麦等植物幼苗的研究可以发现，CO_2 浓度升高对根系生长的促进作用在幼苗期非常明显，其中对小麦与大豆的促进作用更大，而对玉米根系的促进作用较小。CO_2 浓度倍增可以导致

水稻的根系增长近 70%，但是会导致根冠比降低。由此可见，CO_2 浓度升高会导致植物的根系系统发生适应性变化，这对植物吸收水分和养分有积极作用，对植物的生长有促进作用。

茎的作用是将根系吸收的养分和水分传输到植物的各个部分。例如可以将土壤中的矿物质元素以及储存在根系内由根系合成的有机物质通过茎传送到植物的叶，然后植物的叶经过光合作用，再将制造的有机物质传输到植物的其他部分，被植物吸收以实现生长。严雪等通过对高浓度 CO_2 环境下的茎的变化状况进行研究发现，刺苦草鳞茎受 CO_2 浓度变化的影响并不大，但是其地上部分的生长速度在其整个生长期内都会发生重大变化，前期与中期生长速度加快，但是生长后期生长速度放缓。这可能是由于 CO_2 浓度变高后，刺苦草生长后期会通过茎将大量的有机物转入地下，促进其鳞茎的生长，因此地上部分生长会相对减缓。另外，CO_2 浓度变高会导致克隆株中的初级和次级分株生长速率比 CO_2 浓度上升前的速度要快很多。

叶片的主要作用是进行光合作用，因此其对环境的变化比较敏感。从其生理生化特征以及表型特征上，都可以看出环境因子变化对植物产生的重大影响，同时还可以看出植物对环境的适应性变化。随着 CO_2 浓度升高，叶片气孔密度会逐渐下降。Tomimatsu、于显枫等都对植物叶片在高浓度 CO_2 条件下的变化进行了深入的研究，最终发现，CO_2 浓度升高会导致水稻、小麦等禾本科植物的叶片厚度增加，但是其表皮细胞密度则会呈反向发展的趋势。一些学者对大豆叶片不同 CO_2 浓度环境下的解剖特征采用扫描电镜以及光学显微镜进行观察，发现其外部形态变化不大，但是叶面气孔密度则显著下降。同时还发现叶肉中的栅栏组织增加，叶片厚度增加。其根本原因是 CO_2 浓度提升会导致叶片细胞分裂加快，并形成叶面角质蜡层。Kimball BA 对 C_3 禾本科作物如水稻、小麦，C_4 禾本科类植物如高粱、C_3 非禾本科作物马铃薯、C_3 类木本作物棉花以及 C_3 豆科植物白三叶草进行 FACE 试验，也发现了同样的问题。CO_2 浓度提高会使得涵草叶的表征发生显著改变，叶面面积增加、叶重比以及叶面积率都会提高，叶片更宽更粗，但是对叶长以及特殊叶面积的影响并不显著。

从研究中可以看出，CO_2 浓度增加，植物生物量将得到提升。但是，光合途径不同的植物，其生物量的增幅程度也会大不相同。对于 C_4 等作物，如玉米的株高，CO_2 浓度倍增所产生的影响并不明显。而王修兰等则在研究中发现，CO_2 浓度倍增对大豆等 C_3 豆本科作物株高的影响较为明显，且贯穿于其整个生长期中。由此可以发现，CO_2 浓度倍增对 C_3 作物的影响比 C_4 作物更大，其积极作用也更大。数据显示，在 CO_2 浓度升高时，C_3 植物会提高 41% 的生长速度，而 C_4 植物的提升率只有 22% 左右。随着 CO_2 浓度的升高，蚕豆、大豆等豆类植物的株高增长比较明显。从 Kimball 对 37 种植物进行的 430 次试验中可以看出，若 CO_2 浓度倍增，会使全球农作物产量增加 24%~43%，其他生物数量也会随之增加。水生克隆植物刺苦草在高浓度 CO_2 条件下，其植株总生物量提升非常明显，对 N、C 和 P 的吸收量都要比低浓度 CO_2 条件下的值高出很多。由此得出，随着自然环境中 CO_2 浓度的变化，植物的根、茎、叶以及株高都会发生改变。对于红树来说，如果大气中 CO_2 浓度倍增，会使得 1 年生大红树幼苗在根茎比、叶面积、生物量、株高等方面有显著提升，但是叶片表面细胞分裂速度会加快，导致气孔密度降低，气孔导度降低。可见红树植物对 CO_2 浓度升高的响应与大多数植物相同。

通过上述研究可以看出，CO_2 浓度升高对于植物生长形态以及生理指标的影响在短期内是有显著提升效应的，多数学者对于不同植被的试验研究都普遍表现出，短期内 CO_2 浓度的增加会带来植物叶面积指数、净同化率值、叶质比、茎枝、叶、根以及总生物量的增加，但

是长期处于高 CO_2 浓度下会对植物的生理结构以及功能都造成破坏，并且 CO_2 浓度的增加还会造成温度的提升，温度一旦升高，与 CO_2 同时作用于植被，原有的生长优势就不复存在了。

（2）CO_2 浓度升高对湿地土壤微生物的影响

土壤微生物是指土壤中除植物残体和大于 $5 \times 10^3 \mu m$ 的土壤动物以及体积小于 $5 \times 10^3 \mu m$ 的土壤微小生物，包括真菌、细菌、原生动物以及藻类等，主要成分是真菌和细菌。湿地土壤微生物是湿地中生物活动的产物，这些微生物的功能是对落叶枯枝等进行分解，使其变为腐殖质并合成有机化合物，使得土壤的生物化学性质转变为土壤养分，使土壤组成发生改变，微生物是自然生态系统中能量流动以及物质循环中最基本的也是最活跃的生物。土壤中微生物 C 极易被利用，且可以促进有机物的分解与矿化，在土壤中活跃度最高，也最容易发生变化，虽然土壤总有机质中，生物 C 只占到 1%～5%，但是其作用不可小觑。另外，土壤中枯落物的类别、土壤种类以及气候环境都会对土壤微生物 C 造成较为明显的影响，同时还与土壤中的氮、磷、硫等营养的循环有密切关系，不仅为植物提供了充足的养分，而且还是土壤有机质进行转化的根本动力，因此在土壤肥力和植物营养中具有重要作用。有机质和营养循环之间的关系是通过微生物催化或微生物驱动的固持和矿化作用来完成的。微生物通过固持和矿化而控制湿地土壤生态系统 C、N 的流量，由于微生物的快速周转，它逐步释放植物生长所需的有效营养，如无机 N 等，在生态系统营养循环中起关键作用，土壤微生物量的多少和周转速率影响植物有效营养的质量。微生物是湿地生态系统的基本组成部分，在湿地系统中是联系物质能量分解、代谢的纽带。湿地微生物与湿地系统中有机物的降解、硝化／反硝化作用和甲烷的生成等各种物质循环过程紧密相关。湿地微生物生态学重点围绕物质能力在生态系统中的流动过程及其中的微生物的种类和数量进行研究。湿地微生物群落的功能及结构明显受到湿地中的营养源水平、水力学特征、植被类型以及重金属和其他有机物对湿地的污染等因素的影响，这些因素阻碍湿地系统净化作用的发挥。所以说对红树林湿地生态系统微生物进行研究对于了解湿地物质转化过程和供应状况具有重要意义。

硝化作用是降低氨氮浓度的主要转化途径。现有研究仅表明硝化作用的发生主要集中于湿地的根区附近或水体表面。而反硝化作用，是硝酸盐在厌氧转化作用下向 N_2 转化的过程，能有效去除湿地中的氮含量。关于湿地微生物类群的研究与其他各类微生物过程是一致的，都是以研究硝化和反硝化细菌、甲烷营养细菌和产甲烷细菌以及磷细菌和硫酸盐还原细菌等功能类群为主，其中，湿地微生物类群研究最多的是硝化和反硝化细菌。在人工湿地中，含有大量的硝化菌、反硝化菌、亚硝化菌以及氨化细菌，硝化菌数量甚至是肥沃土壤的 10^4 倍之多。且在湿地系统中，硝化菌与反硝化菌的数量受硝化 - 反硝化作用明显，呈正相关增长，同时环境因素对硝化作用和硝化菌数量的影响也基本是相同的，但对于反硝化作用而言，其所涉及的环境因素却是较为复杂的。

湿地植物对微生物的影响主要表现在：植物的输氧作用直接影响着根区微生物的代谢活动，根系附着微生物所需的营养物质及 C 源主要依赖于根系分泌物提供。并且，植物凋落物也是微生物的重要影响来源。大气 CO_2 浓度的升高能够影响湿地系统的植物生物量和湿地生物的生理及功能，使进入系统内的底物（如单糖和有机酸）有效性产生差异，物质循环发生了转变，并最终导致微生物对 N 素等营养物的代谢活动发生变异。因此，利用微生物的变化来评价大气 CO_2 浓度升高对湿地系统的影响是行之有效的。

在所有活细胞中，磷脂脂肪酸（phospholipid fatty acid，PLFA）发挥着不可忽视的作用，且可随着细胞的死亡而快速降解，其在微生物中的含量通常随生物量的变化而变化，比例关系较为稳定。微生物中的磷脂脂肪酸呈现不同的种类和结构，对其结构和种类的识别可以通过质谱分析来实现。微生物根据其所属类群进行生化代谢并由此而使得其内含磷脂脂肪酸结构独具生物特异性。该结构类别的磷脂脂肪酸大量出现于同一微生物类群之中，却很少出现于其他类群中，由此可以被用于对特定微生物类群的表征。采用GC-MS分析法能够快速获得具重现性的磷脂脂肪酸图谱（简称PLFA图谱），通过定量与定性相结合的方式对微生物群落间的特征进行描述，由此而得出微生物中磷脂脂肪酸的组成模式。通常用绝对含量和相对含量来体现微生物中PLFA的含量。其中，绝对含量用于对微生物类群的生物量进行表征，而相对含量反映微生物群落的结构组成。Zelles等提出采用一种"功能群"的方法对PLFA图谱进行解析，其主要方法是根据不同微生物类群的生化特征进行分类。Dobbs和Guckert通过对现有的微生物类群PLAF特征的归类总结出八种功能类群。而Findaly运用后验归纳法的方法，根据已有的PLFA结果，对特定环境下具有相似响应模式的PLFA进行分类并由此而得出四种功能类群。该方法已被广泛应用于海洋底泥微生物群落结构的研究。

（3）CO_2浓度升高对生态系统C、N循环的影响

大气CO_2浓度升高，对湿地系统内部的C、N的循环变化将产生显著的影响。20世纪90年代初期，国内外开展了有关湿地诸如泥炭沼泽、藓类沼泽和苔草沼泽等湿生环境对CO_2浓度升高响应的研究。关于大气CO_2浓度的升高对湿地C动态的影响存在两种观点：一种观

点认为气候变暖将提高植被的生产力，从而促进 TOC 的积累；另一种则认为大气 CO_2 浓度的升高加速了湿地土壤呼吸释放，从而导致湿地的 C 损失。由此可见，湿地系统 C 素积累和释放是决定气候变化对湿地 C 循环影响的关键过程。湿地的存在有利于全球气候的稳定，它作为 C 素的源能够很好地对 C 素进行调节和汇总，进而对环境变化产生影响（见图 1-2）。在全球变化的背景下，对大气 CO_2 浓度升高条件下湿地土壤—植物系统 C 素积累与释放的研究，是揭示未来气候变化环境中植物生长潜势、土壤 C 循环变化趋势对大气 CO_2 浓度的反馈调节作用等的关键环节，也是预测气候变化对湿地 C 素生物地球化学循环影响的重要组成部分。随着大气中 CO_2 浓度的上升，植物可以实现快速的净光合作用，导致生物量的增加。Sudderth 等重点研究了矮草草原，指出 C_3 与 C_4 植物中的地上生物量随 CO_2 浓度的上升而明显增多。Marissink 等用 4 年时间跟踪研究了瑞典的半干旱草原，指出在如此贫乏的半干旱草原上，地上生物量却呈逐年上升趋势。这是由于高浓度的 CO_2 促进了植物的光合作用，由此有更多的碳水化合物输入根部，提高了根部的活性和生长速度，使得根部拥有更多的生物量，根长、根直径和细根量都有所增加。Jastrow 等指出，对天然高原草原用高浓度 CO_2 进行为期 8 年的处理，可以显著提升根部的生物量，其中根茎、粗根和纤维性根的增量比分别为 87%、46% 和 40%。Stöcklin 等对瑞士西北部的石灰质草原进行了为期两年的研究后指出，CO_2 浓度上升使得地下生物量显著增加。植物中生物量随大气中 CO_2 的增加而增多，根圈获得更多的 C 源，导致根系分泌出更多的分泌物，进一步促进了植物残体的分解速度，相应的化学组成也随之变化，提高了 C/N，增加土壤 C 的积累；另一方面大气 CO_2 浓度升高使得土壤中微生物活性增加，土壤的呼吸作用得到进一步增强，提高了有机质的分解速度，在连续 8 年对高秆草草原受影响的情况进行研究后指出，由于 C 的输入速率要高于分解的速率，故而使得高秆草草原土壤 C 库的储量越来越多。周玉梅等对长白山落叶松林进行研究后指出，我国北方森林受大气 CO_2 浓度增加影响明显，且有助于提高其净吸收 C 的能力。CO_2 浓度升高将直接关系到陆地生态系统 C 循环过程。

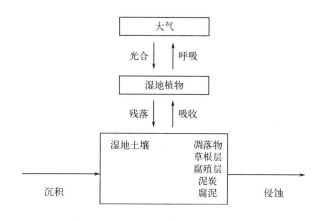

图1-2　天然湿地C循环基本模式示意图

大气 CO_2 浓度升高与生态系统内的 N 循环有着密切的联系。一般而言，湿地 N 的生物地球化学循环主要由 N 素的输入、迁移和转化以及输出三个过程组成，三个子过程之间相互交叉、相互结合，并通过复杂的耦合关系相互作用（见图 1-3）。因此，通过对外源 N 素输入湿地后的生物地球化学过程的研究，能够了解 N 素输入后的循环规律和湿地对污染物的净化过程及效果，有利于揭示湿地退化的过程与机理，为湿地恢复、人工湿地建设及利用湿地控制非点源污染方面提供科学依据。

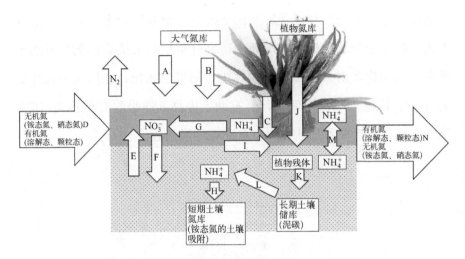

图1-3 湿地生态系统N循环示意图（William，1998）

A—大气N沉降；B—大气固N；C—生物固N；D—径流及人为N输入；E—反硝化作用；
F—N素的淋失；G—硝化作用；H—土壤吸附作用；I—植物吸收；J—植物枯死；
K—分解作用；L—矿化作用；M—沉积作用；N—径流及人为N输出

就叶片水平而言，叶片N含量的高低直接关系到植物叶片的暗呼吸能力和光合能力。在整个植物水平中，根系对N的吸收能力以及同化产物的分配情况影响着叶片N含量的高低；而从以大气 - 植物 - 土壤为一个循环体的生态系统水平出发，经植物的呼吸和光合作用、植物N的吸收作用、枯枝残叶向土壤中输入和分解的C和N以及N的沉降和矿化等相关作用，通过与N素的耦合，可导致CO_2浓度升高，因此生态系统的生产力常常受到N素的制约，植物光合作用以及蛋白质合成常常因N素供应不足而受到影响，并由此而导致光合适应现象。Roger和Donald认为，当大气中CO_2浓度较高时，光合作用受N素供应水平高低的影响而有所不同，而植株整体水平也会对其产生调节作用。当植物生长遭到N素供应不足的限制时，就会降低叶片中N的含量，由此而导致植物生长对CO_2浓度上升响应的滞后。通过合理施N

能够促进因 CO_2 浓度升高而累积在叶片中的碳水化合物及时转移到光合作用不活跃的器官，促进这些器官生长。另外，不同 N 素水平 CO_2 浓度升高对土壤微生物的影响也不一致。如根据有的研究结果可以看出，当 N 水平处于常规状态时，土壤的硝化活性随大气 CO_2 浓度的上升而降低，但 N 水平较低时，土壤的硝化活性却因 CO_2 浓度的上升而增强，由此可以看出 N 素供应量是否充足直接影响到高浓度 CO_2 气体环境下土壤的硝化活性。Larigauderie 等很早就通过对 N 素为非限定因子的草地生态系统的开顶箱（OTC）模拟证明，CO_2 浓度的倍增在短期内使植物体内的 C/N 变大，植物对 N 素的需求增多；Hungate 等通过对森林生态系统的研究表明，大气 CO_2 浓度的升高导致植物凋落物进入系统的底物类型和元素的比例都发生很大变化，同时也能使进入土壤或水体的底物（如单糖和有机酸）有效性产生差异，并最终导致微生物对 N 素等营养物的代谢活动发生变异，从而改变系统内的物质转化进程。

根分泌物随大气中 CO_2 浓度的上升而增多，由此而导致更多的 C 素输入土壤，土壤中有效 N 含量也可以通过土壤湿度的增加而增加。植物凋落物的 $w(C)/w(N)$ 的值也因 CO_2 浓度的上升而上升，进而减缓营养物质的循环速度。土壤中的 N 循环受 CO_2 浓度变化的影响，导致植物可利用 N 浓度发生变化，由此而使得植物间的竞争关系发生变化。Hungate 等研究指出，土壤中微生物的 N 变化受 CO_2 浓度变化影响明显，由此导致土壤对 NH_4^+ 的吸收率以及入侵植物的 N 库发生变化，相比较而言，本地种的增加却是微乎其微的，这也导致本地种被侵害严重。在高浓度 CO_2 下，植物的生长往往因 N 素供应不足而受到限制，但对于某些入侵种而言，却因其自身的固 N 特性能够满足植物对 N 的需求，能够充分利用高浓度 CO_2 中丰富的 C 源来提高生长速度。而且，不断升高的 CO_2 浓度有利于固 N 植物固 N 效率的提升，向当地生态系统中输入更多的 N，进而提高土壤肥力，使得更多的入侵种更好地生长扩散。

1.2.3 CO_2 浓度升高对红树林湿地生态系统生物量及 C、N 储量的影响

（1）CO_2 浓度升高对红树林生物量的影响

研究发现，红树幼苗的光合速率、根茎比、叶面积、生物量以及苗高等受 CO_2 浓度升高影响明显，同时 CO_2 浓度的升高还会降低气孔导度，扩大叶片表皮细胞，降低气孔密度。研究表明，与大多数植物对 CO_2 浓度升高的响应相同，将大气中 CO_2 浓度再提高 1 倍，对大红树幼苗进行培植，幼苗在 1 年后的苗高、叶面积、分支、根茎比以及生物量都得到显著提升，同时实现了较高的同化率和生长率，并由此而提高了光合作用的效率，降低了气孔的导度。同时，叶片表面细胞随 CO_2 浓度的增加而增大，并由此而导致气孔密度降低。同时，通过研究还发现，红树幼苗仅仅在此环境中生长了 1 年，其繁殖产生的根主干就具有其他在正常环境下生长的红树林所不具备的木质化特征，随着大气中 CO_2 浓度的不断上升，越来越少的水分通过大气蒸腾而被消耗，水分的利用率得以进一步提升，所以说在这种气候条件下，较为干旱的环境也可以生长红树植物，且红树植物受 CO_2 浓度变化影响随物理及化学环境的变化而不同，且盐含量越低，植物受 CO_2 浓度影响越明显。此外，因红树植物的种类及分布不同，其受 CO_2 浓度变化的影响也有所不同。Ellison 等选取佛罗里达州的立风车子等 4 种红树林种类为试验对象，对其受大气 CO_2 浓度为 6%～34% 范围内变化的影响进行研究，结果表明随着大气中 CO_2 浓度的上升，4 种被试验对象的呼吸速率和气孔导度都降低了，对水的利用效率都提高了，同时

均未出现净生产量增加的情形，其中假红树反而实现了更低的净生产量。由此得出当大气中 CO_2 浓度上升时，对假红树的生长是更为不利的。

（2）CO_2 浓度升高对红树林湿地 C、N 储量的影响

在红树林湿地中，土壤中的 C 储量和植物中的 C 储量构成湿地的总 C 储量，其中植物中的 C 储量包含了地表及地内以及枯枝落叶等植物内的 C 储量。就目前来说，全球红树林中共有 4.03Pg C 储量，且红树林中 C 储量随所处纬度的升高而降低，有 2.72Pg 的 C 储量集中于赤道附近的红树林之中，而北纬 20° 以上的红树林中仅含有 0.29Pg 的 C 储量，剩余 C 储量集中于北纬 10° ～20° 之间的红树林之中。这主要是由于全球大部分红树林都集中于南北纬各 5° 之间。此外，红树林植物中的 C 储量还受到植物所处环境、林龄和树种等因素的影响。大多数红树种类生长于热带和亚热带地区，只有少数 1～3 种红树可以在温带地区生长。就印度地区而言，光红树林中的 C 储量就高达 21.13 Tg，但印度森林的总 C 储量仅占到 0.41% 的比例。此外，尽管湿地环境中储存了更多的 C 素，但同时系统中的 C 素也较易受到环境变化的影响。

Diethart Matthies 在研究中指出 CO_2 浓度的逐年攀升将会直接影响到全球生态平衡系统的结构与基本功能，其中对于湿地生态系统的固 C 潜力影响尤为严重。王宗林等在《泉州湾红树林湿地土壤 CO_2 通量周期性变化特征》一文中提到经过研究测试，CO_2 浓度的升高的确会显著影响到生态系统对于 CO_2 通量的调节与控制，越高的浓度值越容易造成 CO_2 通量的预期外排放。但是他们通过对泉州湾的红树林湿地土壤进行 CO_2 浓度的通量变化测试发现，虽然 CO_2 浓度的升高对于通量排放有着促进作用，但红树林湿地土壤条件一定程度上会抑制这

样的促进作用。Long S P 和 Ainsworth 等在研究中针对 CO_2 浓度升高时对于红树林生态系统的影响进行了探讨性研究。他们认为大气 CO_2 浓度的升高会引起红树林生态系统生态稳定性的变化，并进而影响和干扰到红树林生态系统固有的结构与功能，其中最为显著的变化就是 CO_2 浓度升高时会影响甚至一定程度上破坏掉红树林生态系统的固 C 潜力与 C 循环系统。所以他们认为在面对 CO_2 浓度日益增加的全球气候形势下，应该对红树林生态系统的变化采取一定的应对措施，通过外界的循环技术来维持系统内的功能性平衡，减少高 CO_2 浓度对于红树林生态系统固 C 潜力的破坏。

康文星等研究发现红树林湿地生态系统对于 N 素的转化与稳定就有着良好的控制效果，因为 N 素是生态系统生产力的主要限制因素。而高浓度的 CO_2 也会严重阻碍生态系统中 N 素的转化效果，所以可以理解为当 CO_2 浓度升高时实际上是在破坏红树林湿地生态系统对于 N 素的良好控制力。陈卉等研究发现 CO_2 浓度的升高会造成 N 元素以 N 沉降的方式偏离正常的循环转化轨道，这样就会为红树林生态系统的 C 的固定与控制工作带来重大难度。张韵也在研究中对于 CO_2 浓度升高条件下湿地生态系统的 N 循环过程进行了分析与说明，研究中他以三沙湾湿地系统为研究对象，对生态系统中 C、N 之间的转化过程与控制平衡进行了测定研究，他发现 CO_2 浓度升高的过程会加速大气中 N 的沉降，而 N 的沉降会直接打破原有的 C、N 循环平衡，从而减缓并降低湿地生态系统对于 C 的固定与控制能力，同时这个平衡的打破会加速 CO_2 浓度的提升，带来严重的后果与影响。江军等也选择 CO_2 浓度与红树林生态系统变化关系作为研究的主要方向。他们通过一系列试验尝试，选取单株红树科植物以及多株范围内红树科植物作为研究试点对象，在气候相对平和的温带地区通过只控制 CO_2 浓度一个变量值对其主要影响表现进行了相关性研究。研究主要体现在光合作用、生产力及分配、枯落物分解以及土壤 C 库四个方面。研究发现：第一，CO_2 浓度升高时，短期内会增强红树林生态系统的光合能力，但是长期来看会出现 N 供应与 N 循环的不足，从而减弱原先的光合作用效果；第二，提高了红树林生态系统的净初级生产力，并影响生产力在系统各部分之间的均衡分配，但却没有促进生态系统土壤的 N 矿化作用；第三，增加了红树林生态系统枯落物的数量，加快了微生物吸收与同化 N 素的速度，使得植物对 N 的利用率得到有效提升，进而对分解过程产生较大影响；第四，有利于系统中 C 汇功能的提升，但其他支持 N 固定的养分以及 N 的有效性仍对其发挥着限制作用。

通过上述研究可以看出，受 CO_2 浓度升高的影响，红树林生态系统中的净初级生产力及生物量明显提升，但是过快的升高，系统内代谢又会破坏原有的循环平衡，并进一步影响到红树林生态系统的固 C 潜力以及 C 循环系统；湿地生态系统中 C/N 之间的循环与转化对于大气中温室气体的有效控制有着重要的促进作用，C/N 的循环过程与 CO_2 浓度的变化之间存在一种平衡关系，只有控制好该平衡，才能维持 CO_2 浓度在正常的范围内起伏变化。一旦 CO_2 浓度升高超过平衡界限，这种平衡关系就会被打破，从而严重阻碍到 C、N 的有效转化与温室气体含量的成功控制。

第二章

CO$_2$ 摩尔分数倍增情景下
红树林湿地 C、N 储量的
研究方案

2.1　研究地点概况

海南东寨港有 3337.6hm² 红树林保护区，其中约有 1578.24hm² 为红树林实际占地面积，因其丰富的生物性以及保护的完整性而成为我国重要的红树林湿地保护区。据统计，整个林区共有 35 种红树植物，在我国全部红树植物种类中的占比高达 95%。其以酸性硫酸盐土为主要土壤特征，且具有丰富的有机含量以及近海土层深厚等诸多优势。

（1）地理位置

海南东寨港位于海南省海口市东北部的东寨港，地处东经 110°32′～110°37′、北纬 19°51′～20°01′ 之间，其北部为著名的琼州海峡，常年气温保持在 23.3～23.8℃ 之间，拥有 1676.4mm 的年降水量。为有效保护稀缺资源红树林，国务院于 1986 年首次批准在此处设立红树林保护区，由此海南东寨港红树林保护区正式诞生，并于 1992 年被国际社会正式认可，纳入《国际重要湿地名录》的范畴。本文因地制宜，选取东寨港红树林保护区内东经 110°35′14.47″、北纬 19°54′51.48″ 的位置设置试验地。大片的天然红树林分布于滩涂之上。整个滩涂随潮沟分别被分割，其东部与东寨港内海相邻，西部跨潮沟与内陆相邻；整个滩涂地势呈中间高、四周低的状态分布。

（2）气候特质

就其所处经纬度来看，东寨港红树林保护区位于热带季风气候范围内，全年气候特征主要为：春季以湿暖为主，夏季多为高温多雨天气，秋季天气凉爽但台风登陆频繁，冬季以湿冷气候为主，有明显的干湿季节之分；全年平均降雨量大致为 1700～1933mL，其中近 80% 集中于每年 5～10 月期间；全年日照时长约为 2200h，年辐射总量约为 253kJ/cm²；年均气温值保持在 23.30～23.80℃之间，年均地温值约为 26.70℃；每年 5～7 月是当地蒸发量最大的时期，年均保持在 1831.5mm 的蒸发量；全年湿度约为 85% 且基本保持不变。该气候正是红树族种类生存的主要气候，由此而成为当地植被的主要组成部分。

（3）水文特征

根据地形地貌，东寨港上游共有珠溪河、演丰东河、三江河、演州河四条主要河道，年均汇水量高达 7 亿 m³。每年雨季暴雨泛滥之际，地面受雨水冲刷严重，大量有机质碎屑和泥沙颗粒随河水流入东寨港，进而形成大片的滩涂沼泽，为当地红树林的生长繁殖提供了优越的地理条件。就东寨港自身地理环境而言，较为平坦的水下地势、常年温和的水温环境、具有一定潮带间隔和潮差的半日潮以及相对适宜的水体盐度均有利于红树林植被的生长和繁殖。

东寨港的土壤基质以玄武岩类型为主，是砖红壤性红壤的典型代表。沼泽盐渍土和盐渍沙质土是其主要土壤类型，整个土壤呈灰蓝色，质地黏重，具有淤泥质的特征，土层厚度为 1～1.5m。表土受腐殖酸影响严重，酸性反应明显，pH 值基本保持在 5～6 之间，土壤腥臭味明显。另外，土壤中有机质含量约为 25.38%，盐度约为 17.97%。在如此氧气缺乏、H_2S 气体含量及盐分和水分含量均比较高的土壤环境中，植物残体很难得到充分分解。由于本研究需要模拟海南省东寨港红树林湿地生态系统的环境特征，故将研究地点设在海南，在海南大学温室内进行，研究方案见图 2-1。

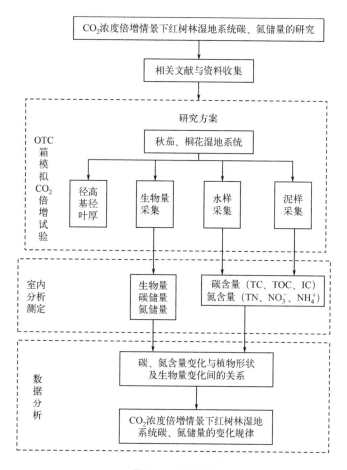

图2-1　研究方案

2.2　红树植物的选择与培养

研究发现，样地内共有 14 种不同的物种，其中乔木树种有 11 种，灌木树种有 2 种，直立草本植物有 1 种。物种的密度从大到小排列依次为：桐花树 > 秋茄 > 老鼠勒 > 海莲 > 角果木 > 红海榄 > 白骨壤 > 无瓣海桑尖瓣海莲 > 榄李 = 木榄 > 海桑 = 海漆 = 卤蕨。其中的乔木层按照树种的重要值来配列，重要值由较大到较小的顺序为：秋茄树种、海莲树种、角果木树种、红海榄树种、尖瓣海莲树种、无瓣海桑树种、木榄树种、白骨壤树种。很显然，秋茄树种是最佳树种，而海莲树种次之。其中，灌木层重要值由较大到较小的顺序为：桐花树树种、海莲树种。因此桐花树树种是最佳树种，而海莲树种次之。

试验地的树种群落也是以乔木层群落以及灌木层群落的最佳树种来定义，定义为秋茄＋桐花树群落。故在室内模拟试验中选取秋茄和桐花树两种红树植物作为试验树种，取一年生的幼苗并通过人工修剪，选择树种植株较高并且植株基径以及植株质量大致相等的树种，在一个试验培养池里一共培养 10d 后备用。

2.3　环境因子调控

目前，关于研究大气 CO_2 摩尔分数倍增对植物的影响的手段和技术方法，基本上都是在控制条件下进行的，如人工气候室、开顶式气室、自由 CO_2 气体施肥装置（FACE）等。开顶式气室（Open-Top Chamber，OTC）是目前应用最多的气室，其基本结构和人工气候室大致相同，只是顶部敞开与大气相通，相当于半封闭的气室。OTC 中 CO_2 通过顶端开口自下方进入，研究对象种植在箱体内，接触植物后 CO_2 由气室的顶部排出，这样就尽最大力量减小了环境温度以及环境湿度对植物所带来的不良影响，而且通过这种手段是能够让植物周围的环境（主要包含光线因素、温度因素、湿度因素、雨水因素）更加和自然环境相近，而且具有设备成本低、条件易于控制的优点，比较适合中小型试验的模拟研究。

在全球变化研究中，有一个新名词进入了公众视野，这就是FACE，直译为自由 CO_2 气体施肥试验装置。在本文简要介绍一下。

2.3.1　气候变化及其模拟研究

在介绍 FACE 之前，先得来说全球变化，这是因为 FACE 是为全球变化研究而产生的。全球变化，也称全球气候变化，是指在全球范围内，气候统计学意义上的改变或者持续较长一段时间的气候异常现象。然而，当前因温室气体含量升高而引起的全球变化，按照当前科学界的共识，是人为改变大气组成成分和土地利用格局所诱发的。

工业革命以来，大气中各种温室气体的浓度都在增加。1750 年之前，大气中 CO_2 含量基本维持在 280ppm。随着人类活动加剧，尤其是不断消耗化石燃料（煤炭、石油等），大量砍伐森林，释放的 CO_2 多，固定的碳少，大气中 CO_2 含量逐渐上升，每年大约上升 1.8ppm（约 0.4%），当前已经上升到 390ppm，其中人为排放约占增加部分的一半。CO_2 升高造成的最大问题是气温升高，引起海平面升高。按照联合国政府间气候变化专门委员会（IPCC）的评估，在过去一个世纪里，全球表面平均温度已经上升了 0.3～0.6℃，全球海平面上升了 10～25cm。许多学者预测，到本世纪中叶，世界能源消费的格局若不发生根本性变化，大气中 CO_2 浓度将达到 560ppm，全球平均温度可能上升 1.5～4℃。

上述全球变化引起了各国科学家的担忧，他们纷纷开展了大量的模拟研究，主要针对植物个体、群落、微生物以及动物等开展试验，尤其植物试验开展得最多，包括农作物和蔬菜等。由于真正的 CO_2 浓度增高和温度变化尚未发生，因而只有采取人为提高 CO_2 浓度的方法并结合其他环境条件（如温度、养分、水分和光照）的变化进行模拟研究。在这些方面，国外学者尝试了许多方法，FACE 应运而生。

2.3.2 什么是FACE

1996 年春天，笔者在美国生物圈二号做访问学者时，美国同事们给笔者介绍了 FACE 试验，并愿意带笔者到亚利桑那州立大学的试验田参观，美国农业部的 FACE 试验也在那里。

回国后，笔者将 FACE（Free-air CO_2 enrichment，FACE）翻译为"自由 CO_2 气体施肥试验装置"，介绍给国内同行。FACE 是在田间状态下，由一圈垂直的管道直接将高浓度的 CO_2 通入试验田，CO_2 浓度通过计算机控制，形成一个高浓度的 CO_2 场，可获得直径约 23m 的人工场；而其他环境条件如温度、湿度、风速、光照等很少发生改变，但植物的生长空间相对于其他控制试验实施明显增大了。FACE 由位于亚利桑那州凤凰城的美国农业部水保持实验室最早应用。先是应用于棉花、小麦等农作物试验，后来有人对高大的森林也进行了 FACE 处理。

简言之，FACE 是通过改变植物生长的微气候环境条件来模拟未来气候变化的一种技术手段，该技术可使人们了解在未来大气 CO_2 浓度增加后陆地生物圈系统的变化过程。该系统主要由 CO_2 气体供应装置和控制系统组成，其中气体供应装置由储气罐、液态 CO_2 汽化装置、送气和放气管道等部件组成；控制系统由主控计算机、放气控制系统和 CO_2 采样分析系统组成。根据冠层 CO_2 浓度测定结果，由控制系统实时调节 FACE 圈层内的 CO_2 浓度，使之具有一定的高 CO_2 值。由于 FACE 圈没有任何隔离设施，气体可以自由流通，因此系统内部通风、光照、温度、湿度等条件十分接近自然生态环境，在这样的微域环境条件下进行 CO_2 增加的模拟试验获得的数据更接近于真实情况。

FACE 的主要优点在于它是一个开放体系，避免了过去常用的密闭和半密闭 CO$_2$ 施加试验对植物周围环境的干扰。以往的试验，特别是温室和人工气候室，在光照强度、温度和湿度以及昼夜温差等方面与自然环境差异很大。采用 FACE 系统的室外试验与以前常用的室内盆栽试验不同，对植物根系的生长没有盆栽体积的限制，而且其提供的植物材料数远大于室内试验，可以同时进行植物生理、生态以及生化等多方面的比较研究。FACE 系统研究植物对高浓度 CO$_2$ 的响应和适应，能更真实地模拟未来植物对高 CO$_2$ 浓度的响应和适应情况，更有利于揭示其生态适应的分子机理。

FACE 的缺点是维持费用很高，仅 CO$_2$ 一项每年约耗资 200 万美元，因此重复试验受到限制。然而，这是目前公认的研究植物对高 CO$_2$ 浓度响应的最理想的手段，目前已有大量的试验结果发表在国际刊物上。

2.3.3 其他的试验装置

其实，早在 FACE 之前，国际上还流行着其他的全球变化研究的试验装置，有些至今还在采用着。

（1）控制环境试验（controlled enviroment，CE）

这是大部分生理生态学家广为采取的一种方法，尤其在农作物试验方面应用最广。主要在田间或野外条件下，设立一系列控制环境装置。一般以铝合金作骨架，以透明材料（玻璃、塑料薄膜等）罩在外面。由于要控制水分含量、CO$_2$ 浓度等，整个装置处于封闭状态，可为研究者提供长期稳定的环境，并可将温度条件与 CO$_2$ 浓度等因素人为组合，重复性好。缺点是光照通常减少，温度升高；昼夜温差减少，光温不能同步；温度升高，风速相对静止。最大的缺陷是大部分植物种在花盆中，植物根系生长的空间受限。

（2）开顶式同化箱（open-top chambers, OTC）

基本结构同 CE，只是顶部开放，与大气相通。这种方法可以人为提高 CO_2 浓度，并使其他环境因子基本接近自然状态。虽如此，温度仍比外界高约 3℃，光照减少约 20%。因与其他植物隔离，病虫害状况与大田也有差异。尤其温度升高影响了植物的蒸腾作用。在这种环境下所得的试验数据，不同的植物对 CO_2 升高的反应不同，如大豆和玉米的生物量提高，红薯的生物量反而低于对照。但由于温度的影响，用该法研究植物的水分生理反应时，数据的可靠性是值得怀疑的。该方法的优点是生长环境基本接近于自然状态，可自动控制 CO_2 浓度，并使之与温度的变化同步。但植物的生长空间仍是受限的。

（3）移地试验（transposing of surface soil with vegetation, TSSV）

为了使模拟试验最大限度地置于自然环境下，减少人为因素的干扰，近年来不少学者开展了移地试验，主要用于植物对于温度升高和降水改变响应的研究。其原理是许多环境因子（如温度、降水量）在空间上（经纬度和海拔高度）客观存在着梯度变化。利用这些梯度变化，可选择存在着一定温差、降水差异或其他因子差异，且在空间上相互分离的两点，将一点的原状土样及其植被移入到另一点或相互移植，利用气候在空间上的差异来替代时间上的变化，达到模拟气候变化的目的，以研究植物对气候变化的响应。

2.3.4　国内的 FACE 试验

上世纪 90 年代末，中国学者在原 FACE 设计思路基础上，设计了中国人自己的 FACE。这个大型试验装置，位于扬州市江都区，以水稻为试验对象，由中国科学院南京土壤研究所的专家设计运行。

扬州的 FACE 试验场，由 3 个 FACE 圈和 3 个对照圈组成，前者二氧化碳浓度始终高出后者200ppm。CO_2浓度升高，生态系统养分循环加速，水稻产量增加12%～15%，还有一些品种增产达30%，但蛋白质含量下降了6%～10%。国内的FACE试验，就是要明确不同水稻品种对CO_2升高的响应及机制，为未来育种提供新方向。

这套正在调试的系统，还可人为将气温升高2℃，综合模拟CO_2和气温升高后对水稻的影响。因此，我国学者的FACE试验，可监测温室气体与气温双因子升高对水稻的影响，比起美国早期的FACE有重要的改进。

中国科学院南京土壤研究所的上述FACE装置，是由该所的研究员朱建国博士建立的。他从事农业生态系统元素循环研究，1999年在日本看到FACE试验后，意识到这个试验将对全球变化下的粮食生产发挥重要作用，于是决定将该技术引到中国。2000年日本项目结束后，朱建国热切地邀请日方负责人前来中国考察。于是，中国科学家有了自己的FACE。

由于FACE试验系统是一个开放系统，自然条件千变万化，因此给试验设计以及试验测定带来很多室内试验所没有的变数，这些变数给研究者提供了机遇，有利于研究者发现实验室内所不能观察到的新现象，因此受到了国内外全球变化研究学者的青睐，成为该领域理想的研究平台。

（1）开顶箱（Open Top Chamber，OTC）设计

本次试验在开顶箱（Open Top Chamber，OTC）中进行，在温室内建有六座OTC开顶箱，箱为正六边形状，顶部中间为正六边形敞开式，四周封闭。封闭的板采用透明的玻璃板。通过这种手段能够让植物周围的环境光线因素、温度因素、湿度因素、雨水因素和自然环境更加相近，开顶箱尺寸见图2-2，尺寸结构设计参照每个开顶箱中十字

划分为 4 个相同大小的培养槽，每格池长 170cm，宽 140cm。

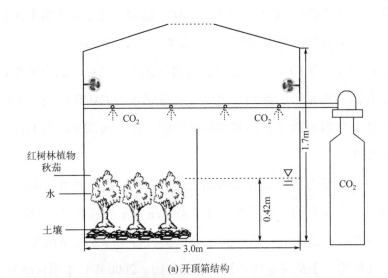

(a) 开顶箱结构

(b) 开顶箱外观

(c) 开顶箱内部结构

图2-2　开顶箱装置

（2）CO_2 浓度的选择与控制

在试验中将低 CO_2 摩尔分数组控制在 350μmol/mol，倍增浓度控制在 700μmol/mol。

OTC 开顶箱 CO_2 控制方式为在开顶箱底部四周固定扎上小孔的

塑料管，并在各池的顶端加风扇，搅动 OTC 内气流，以使得进气均匀，箱外高摩尔分数 CO_2 由小孔注入开顶箱内。塑料管与箱外气瓶相连，气瓶内是工业 CO_2 气体，CO_2 纯度为 95%。通过 CO_2 减压表、流量计和塑料管将 CO_2 气体送入开顶式气室，通过调节获得所需的 CO_2 摩尔分数，并定期核对调节。将 1、3、5 号开顶箱 CO_2 摩尔分数控制在 700μmol/mol，2、4、6 号开顶箱保持 350μmol/mol 作为对照，如图 2-3，利用 TES 1370 红外线 CO_2 测定仪实时监测 OTC 内 CO_2 摩尔分数。

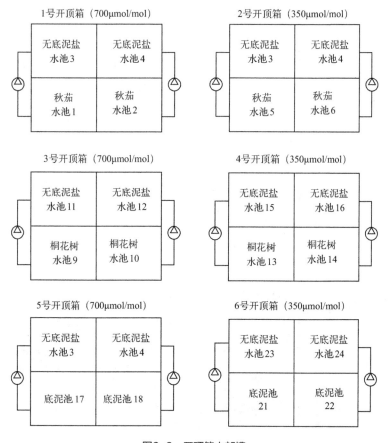

图2-3 开顶箱内部槽

与过去使用的密闭式人工气候箱相比，OTC 开顶箱的试验结果要更精确一些。底部安装 CO_2 进气装置，由底部释放 CO_2，多余的 CO_2 从顶部溢出，使箱内的 CO_2 摩尔分数维持在一定的浓度范围内。同时，开顶箱旁可设入口，方便试验操作人员对研究的对象进行检查、取样、培养。此外，还采用人工光源，补足光强为 5000lx，开顶箱基础采用混凝土制造。温室内温度、湿度保持恒定。

2.4 底泥的选择与培养

试验用底泥于 2014 年 2 月底在海南东寨港，分别在秋茄、桐花树树种下取 0～30cm 底泥，样地内用棋盘式法布点选定 10 个采样点，混合均匀，统一置于缓冲池内，滤水充分搅拌混合，尽量保持营养盐混合均匀，并静置备用。于 2014 年 3 月 28 日分别在 1 号 OTC 开顶箱的 2 个培养水槽（1 号、2 号水槽）中均匀铺上一层底泥，高度为 30cm（干重约 1200kg），另外 2 个培养水槽注入人工配制海水，盐度为 1%，其中，1 号与 3 号、2 号与 4 号水槽间用抽水泵连接，剩余开顶箱同样设置。试验设定后，开启定时抽水泵，将培养槽静置 1 个月备用。底泥采集如图 2-4 所示。

图2-4 底泥采集

2.5　模拟潮汐方法

在潮汐下的浸淹时间的长短会对红树林的自然生长产生非常关键的作用。越来越多的人工造林体现出这一特点。国外研究者已对淹水时间对红树植物的生长、形态以及生理的影响进行了大量研究。国内学者也开展了许多有关红树林淹水时间对幼苗生长影响的研究。陈鹭真等的研究表明，红树林短时间淹水（淹水 2～4h）对幼苗生长有所促进；缪宝文等指出秋茄的每天最适淹水时间为 8～12h，每天临界淹水时间为 16h。然而在自然环境下的潮起潮落中，因为红树林还处于生长初期，所以植株地表面的浸水时间非常短暂，常常是植株体全部被潮汐所浸或者完全暴露在空气中。

本次试验运用自动的潮汐模拟设备，该设备主要包含前模拟槽以及后模拟槽，一共 12 个，前模拟槽主要用于储存水，后模拟槽主要用于培养，前模拟槽和后模拟槽之间都用功率为 15w 的抽水泵来实现二者之间的流通，并设置一个定时器，以管控模拟涨潮的实际时间。前模拟槽内放置人工配置的海水，每个星期对该海水进行测定，保持其盐度在 1%，水深为 42cm，模拟干湿交替半日潮，植株全部浸水的时间是 4h，开始时间是上午 10 点，第二次植株被全部浸水的起始时间为晚上 10 点，一天内植株潮汐浸泡总时间是 8h。

2.6　指标测定方法

2.6.1　植物的形态因子与生物量

对试验植株的外部特征如茎高、基径和叶片厚度进行全面测量，在测量后取各特征的均值；植株根、茎和叶的鲜重于 105℃进行杀青处理 30min，然后放置于 80℃的烘箱进行烘干处理，直到植株质量不变为止，然后计算得出干物率。并且把植株的鲜重转换成烘干后的质量，进而计算植株器官（根、茎、叶）质量，其和即为全株生物量干重。生物量以干重计测。

2.6.2 C 含量与 N 含量

（1）水、土壤 C 含量

水中 C 含量：采用日本岛津公司 TOC-V$_{CPN}$-SSM 测定水中 TC、IC 和 TOC 的含量。

土壤中 C 含量：采用日本岛津 TOC-V$_{CPN}$ 装置中的 SSM-5000A 型号对固态样品的 TOC、IC 进行测定。

（2）水、土壤、植物 N 含量

① 水中 N 含量：

a. NH$_4^+$-N 的检测，主要运用纳氏试剂的分光光度法来进行检测。

b. NO$_3^-$-N 的测定，采用酚二磺酸光度法。

c. TN 的测定，采用过硫酸钾氧化 - 紫外分光光度计法。

② 土壤中 N 含量：

a. 土壤的采样及浸提：取底泥装入密封袋中带回实验室，去除杂质，测定含水量，自然风干后磨细过筛，试验备用。把试样过秤，拿出 40g 置于聚乙烯瓶（体积为 500mL）里，添加 KCl 溶液 200mL，在 2～20℃的水中震荡持续 1h，进而把提取液（大约 60mL）置于聚乙烯离心管（体积为 100mL）里，在转速为 300r/min 的离心下持续 10min。进而把大约 50mL 的上清液放入到比色管（体积为 100mL）里。

b. NH$_4^+$-N 的检测，采用氯化钾溶液分光光度法。

c. $NO_3^- - N$的测定，采用氯化钾提取分光光度法。

d. TN 的检测，采用过硫酸钾氧化 - 紫外分光光度计法。

③植物中 N 含量：将植物进行常规法消煮后，按照水中测定方法测定$NH_4^+ - N$、$NO_3^- - N$、TN。

2.6.3　土壤中微生物

PLFA 的研究主要运用温和碱性甲酯化的化学办法。采试样中土壤（质量为 5g）放入离心管（体积为 35mL），并且添加浓度为 0.2mol/L 的氢氧化钾溶剂（加入甲醇的）共 15mL，在搅拌均匀以后，放置于 37℃环境下 1h，这个时候带有酯键的脂肪酸就会分解，而且进一步甲酯化，在此环境下，平均 10min 就被旋转一次。到时间后，直接添加浓度为 1.0mol/L 的 CH_3COOH 溶液 3mL，然后进一步和试管内的试剂发生化学反应，进而添加正己烷溶液（体积为 10mL），在 5000r/min 的转速下离心持续 15min，这样就会使得 FAMEs 被分开融入有机溶液，这个时候把正己烷溶液加入到另一玻璃管，并且在氮气的吹扫下变干，把 FAMEs 进一步加入到正己烷溶液和甲基叔丁基醚溶液相同的混合溶剂（$V=0.5mL$）中，然后放置于 GC 小管，等待下一步的研究。

经过处理以后的样品用岛津 QP2010 Plus 气质联用仪来研究，该仪器的色谱柱的型号为 VF-23，尺寸为 $0.25mm×30m×0.25\mu m$，并且要求试样不分流进口的环境温度是 250℃，并且恒定流速是 0.8mL/min。以氢气为载体，进口的初始温度是 80℃，持续 2min；而后每分钟提升 50℃直到 150℃，再持续 2min；而后每分钟提升 2.5℃直到 195℃，持续 3min；而后每分钟提升 2.5℃直到 240℃，持续 5min。这种电离的模式为 70eV，仪器的离子源的温度为 150℃，仪器的四极杆的温度为 230℃，仪器的接口温度为 280℃，仪器的扫描模式为 SIM。

2.6.4　C 储量与 N 储量

（1）室内试验红树植物 C 储量与 N 储量

室内试验中，每平方按 15 株红树植物计算 C、N 储量。植物 C 储量（g/m²）为生物量的 50%。植物 N 储量（g/m²）为植物生物量乘以相应元素的含量。

（2）实地红树林湿地系统 C 储量

实地 C 储量由植被 C 储量、土壤 C 储量、凋落物 C 储量组成。试验地设置在海南省东寨港国家红树林自然保护区内，样地详细地理、气候情况见 2.1。

植被 C 储量：实地植被的 C 储量由实地植物群落样方调查，结合《海南省湿地资源调查报告》中 Quickbird 遥感图像解译，根据植物实际的生长状况，得到东寨港主要红树植物种类分布面积。秋茄、桐花树植物每个群落选取 3 个 10m×5m 样方，记录样方内树木的数量、高度、胸径。通过经验公式，计算生物量。

$$B = \left\{ h \left[0.214 \left(DBH \times \pi \right) - 0.113 \right]^2 \right\} / 10$$

式中　B——单株生物量，kg；

　　　h——树高，m；

DBH——胸径，cm。

采用单株生物量与研究区范围内植株总数相乘的方式计算研究区范围内植株总生物量。由于取样困难，地下部分生物量参照张宏达对红树植物群落生物量研究的结果进行估算。植被 C 储量的估算以干物质质量与转换系数（国际常用转换率 0.50）乘积求得。

土壤 C 储量：每个群落样方随机选定 3 个采样点，用自制取土器采集 0～1m 深度的原始状态土壤，然后分 5 层，用环刀收集，密封保存，并将土壤样品放入聚乙烯密封袋中带回实验室，利用重铬酸钾氧化法测定有机 C 含量。根据容重和有机 C 含量数据，计算各深度土层的有机 C 总量，进而计算单位面积的土壤 C 储量。

凋落物 C 储量：在秋茄、桐花树种群落样地各设置 1m×1 m 的凋落物采样点 3 个，采集地表至土层之间的凋落物层，测量其总量，并采用重铬酸钾氧化法测定有机 C 含量，从而得到单位面积的凋落物 C 储量。

2.7　数据分析

应用 SAS 9.1 软件对数据进行方差分析，采用 LSD、皮埃尔分析法进行差异显著性分析，并进行对植物性状，生物量与 C 储量、N 储量间的相关关系的分析研究。

第三章

海南红树林湿地
环境特征

海南岛滩涂面积大，红树植物种类丰富，是我国红树植物的分布中心。海南有 8 个红树林保护区，其中，海南东寨港国家级自然保护区是建立最早、最有代表性的保护区。东寨港位于海南岛东北部海口市境内，海口市美兰区三江镇、演丰镇、三江农场和文昌市罗豆农场交界处，海岸线总长 84km。东寨港是一个半封闭式深入内陆的港湾式潟湖，呈漏斗状。东寨港位于热带北缘，属热带海洋性季风气候，表现为春季温暖，夏季高温多雨，秋季多台风、暴雨，冬季凉爽。年平均气温 23.8℃，极端高温 28.4℃（7 月），极端低温 17.1℃（1 月），年降雨量约 1700mm。潮汐属不正规半日潮，平均潮差约 1m。该地区土壤基质为玄武岩，地带性土壤为砖红壤性红土，土层深厚。

海南东寨港国家级自然保护区于 1980 年 1 月经广东省人民政府批准建立，1986 年 7 月 9 日经国务院审定晋升为国家级自然保护区，总面积 3337.6 hm²，其中红树林面积 1578.2hm²，滩涂面积 1759.4 hm²。海南东寨港国家级自然保护区是我国建立的第一个以保护红树林生态系统为主的自然保护区，也是迄今为止我国红树植物资源最多、树种最丰富的自然保护区，是我国首批被列入《国际重要湿地名录》的 7 个湿地保护区之一。

海南东寨港国家级自然保护区属于近海及海岸湿地类型中的红树林沼泽湿地，主要保护对象为红树林及水鸟。以往调查结果显示，保护区内分布有红树、半红树植物 35 种，占全国红树植物种类的 95%。其中，水椰、红榄李、海南海桑、卵叶海桑、拟海桑、木果楝、正红树和尖叶卤蕨为珍贵树种，红榄李、水椰、海南海桑、拟海桑和木果楝已被载入《中国植物红皮书》，具有很高的保护价值。2009 年调查结果显示，保护区群落类型有木榄群落、海莲群落、角果木群落、白骨壤群落、秋茄群落、红海榄群落、水椰群落、卤蕨群落、桐花树群落、榄李群落、红海榄＋角果木群落、角果木＋桐花树群落、海桑＋秋茄群落。东寨港红树林生长茂盛，属典型的红树林海岸，是开展红树林研究的理想场所。迄今，有关东寨港红树林区的研究较为丰富，涉及分类学、生态学、微生物学、生理学、遗传学等诸多领域，取得了丰硕的成果。

3.1　海南红树林植物群落

东寨港红树林保护区内的北港地区靠近东寨港海水入口处，盐度较高；三江地区地处港湾内，有淡水河流经过，农田、小溪数量多，盐度较北港地区低。因此，在东寨港形成 2 个典型的分布区：北港红树林区，是以红海榄、角果木为优势的群落；三江红树林区，是以秋茄、海莲为优势的群落。以往对海南东寨港国家级自然保护区植被进行了较多调查。吴瑞等对红树林植被、鸟类、浮游植物进行了现场调查和管理现状调研，分析了保护区受到的威胁，提出了管理对策，并对东寨港红树林植物种类和群落进行了调查和分析，得出了红树林群落演替系列的结论。辛欣等利用前人对海南主要是东寨港国家级自然保护区红树林植物种类及破坏因素的分析成果，从建立种质资源保育基因库、采取红树林复合种植模式、完善红树林立法体系、加强红树林科研深度、提高遥感技术利用水平以及开展湿地生态旅游等方面提出恢复手段。孙艳伟、王荣丽、徐蒂、郑德璋、符国瑗、马驹如等对东寨港红树林生态系统退化原因进行了分析。邱广龙等在东寨港三江红树林片区发现贝克喜盐草，该海草是当前全球面临灭绝风险的 10 种海草之一，被世界自然保护联盟（IUCN）列为易危（VU）种。

3.1.1 植物群落概况

东寨港北港片区、演丰片区、三江片区、罗豆片区、铺前片区的红树植物群落有以下几个特点。

第一，红树林沿东寨港呈环形分布，红树植物生长条件优越，面积广阔。红树林外貌较为整齐，树冠呈波状起伏，终年常绿，没有季相变化。本次调查的北港片区、演丰片区、三江片区等都处于良好的湾口，红树林分布面积较大。

第二，红树林植物群落类型丰富，结构组成多样化。本次调查中，不仅发现发育良好的海莲、红海榄、秋茄、白骨壤等单优纯林群落，还发现很多海莲＋红海榄、海莲＋秋茄、红海榄＋白骨壤、秋茄＋海漆、红海榄＋桐花树、白骨壤＋桐花树等各类混交群落。

第三，保护区内红树林生长良好，恢复扩展很快，保存分布有很大面积的原生及次生的红树林植物群落。植物分布方面，演丰片区连续分布有大片红树林，成片状群落分布。红树植物主要有海莲、角果木、白骨壤、红海榄、秋茄和桐花树。外来植物占比较大，表现出一定程度的次生化。北港片区周围沿海不连续分布有少量红树群落，其中靠海一边以海莲、红海榄为主，角果木也较多，在群落中多呈片状分布，群落中白骨壤零散分布，岸边伴生有木麻黄、黄槿和水黄皮等植物。保护站周边的红树林主要分布在港口周围，天然的红树林在不断进行人工引种及补种的过程，植被覆盖率比较高。三江片区的红树林主要分布在道学村、溪头村、下园村及沟边村周围海岸带。乔木层主要有无瓣海桑、海莲等；灌木层中海莲小树最多，也有白骨壤、角果木、红海榄和秋茄随机分布于群落内。群落的外围主要有黄槿、水黄皮、许树等植物分布。在调查中发现，调查区域内水椰数量不多，说明水椰已逐渐变为濒危种。在近十几年来的有效管理下，红树林表现出很强的恢复力，逐渐在人工抚育的情况下向成熟群落演变。

3.1.2 植物群落种类组成

海南东寨保护区红树林植物，有真红树植物有 8 科 11 属 14 种，半红树植物有 6 科 8 属 8 种。

（1）真红树植物

① 老鼠簕。爵床科老鼠簕属。直立灌木。单叶，长圆形至长圆状披针形，长径 6～14cm。花期 4～6 月。穗状花序顶生，花冠白色，长 3～4cm。果期 6～7 月。蒴果椭球形，长径 2.5～3cm。极耐盐，耐水。

② 卤蕨。卤蕨科卤蕨属。别名：金蕨。多年生草本，高可达 2m。一回羽状复叶，簇生；叶柄长 30～60cm；羽叶大，长 15～36cm。孢子囊满布能育羽片下面，无盖。极耐盐，耐水。

③ 桐花树。紫金牛科蜡烛果属。别名：黑榄、浪柴。灌木或小乔木，高 1.5～4m。单叶，革质，倒卵形、椭圆形，长径 3～10cm。花期 12 月至翌年 2 月。伞形花序，有花 10 余朵，花冠白色，钟形。果期 10～12 月。蒴果圆柱形，弯曲如新月形，长约 6cm。

④ 白骨壤。马鞭草科海榄雌属。别名：咸水矮让木、海豆落叶。灌木，高 1.5～6m。单叶，革质，卵形至倒卵形、椭圆形，长径 2～7cm。花期 7～10 月。聚伞花序紧密呈头状，花小，花冠黄褐色。

果期 7～10 月，果近球形，直径约 1.5cm。极耐盐，耐水。

⑤ 红树科木榄属。别名：鸡爪浪、五脚里、五梨蛟。小乔木，高达 6m。单叶，椭圆状矩圆形，长径 7～15cm。花期几乎全年。花单生，长径 3～3.5cm，花瓣上部 2 裂。果期几乎全年。胚轴长 15～25cm。极耐盐，耐水。

⑥ 海漆。大戟科海漆属。常绿小乔木，高达 4m。单叶，近革质，叶柄顶端有 2 个圆形的腺体。花期 1～9 月。总状花序。果期 1～9 月。蒴果球形。耐盐，稍耐水。

⑦ 秋茄。红树科秋茄树属。别名：水笔仔、茄行树、红浪、浪柴，灌木或小乔木，高 2～3m。单叶，椭圆形或近倒卵形，长径 5～9cm。花期几乎全年，二歧聚伞花序，有花 4～9 朵；花瓣白色，膜质，果期几乎全年。果实圆锥形，胚轴细长，长 12～20cm，极耐盐，耐水。

⑧ 红海榄。红树科红树属。别名：鸡爪榄、厚皮，小乔木或灌木，高达 5m。单叶，中叶，阔圆形、椭圆形或矩圆形，长径 6.5～11cm。花期秋冬季。花腋生，小花。果期秋冬季，果实倒梨形，小果，长 2.5～3cm。胚轴圆柱形，长 30～40cm。喜阳光，喜潮湿，耐盐碱，耐水。

⑨ 无瓣海桑。海桑科海桑属。大乔木，高 15～20m。叶对生，厚革质。总状花序，花瓣缺，花丝白色。柱头蘑菇状。果期秋季。浆果有香味。耐水。

⑩ 卵叶海桑。海桑科海桑属。大乔木，高 12～15 m。叶卵状，互生。总状花序，花瓣缺，花丝白色，柱头蘑菇状。花期夏季。果期秋季。浆果有香味。

⑪ 海莲。红树科木榄属。乔木或灌木，高通常 1～4m，少数达 8m。叶矩圆形或倒披针形。花果期秋冬季至次年春季。

⑫ 角果木。红树科角果木属。灌木或乔木，高 2～5m。树干常弯

曲；树皮灰褐色，几乎平滑，有细小的裂纹；枝有明显的叶痕。叶多为倒卵形。花期秋、冬季。果期冬季。

⑬ 尖叶卤蕨。卤蕨科卤蕨属。植株高达1.5m。根状茎直立，连同叶柄基部被鳞片。叶簇生，叶片奇数，一回羽状：中部以下的不育，阔披针形，两侧并行，顶部略变狭而短渐尖；中部以上的羽片能育，顶部稍急尖而呈短尾状，无柄。

⑭ 水椰。棕榈科水椰属。根茎粗壮，匍匐状，丛生。叶羽状全裂，坚硬而粗，长4～7m，羽片多数，整齐排列，线状披针形，外向折叠，先端急尖，全缘，中脉突起，背面沿中脉的近基部处有纤维束状、"丁"字着生的膜质小鳞片。花序长1m或更长；雄花序柔荑状，着生于雌花序的侧边。花期7月。

（2）半红树植物

① 许树。马鞭草科大青属。别名：苦郎树、假茉莉。攀缘状灌木，高可达2m。叶薄革质，卵形、椭圆苞多枚，长14～20cm。聚花果椭球形，由150多个核果束组成。核果束倒圆锥形，长约3cm。稍耐盐，耐水。

② 龙珠果。西番莲科西番莲属。草质藤本，有臭味，叶膜质，宽卵形至长圆状卵形。叶脉羽状，叶柄长2～6cm。花期7～8月。花白色或淡紫色，具白斑，直径2～3cm，果期翌年4～5月，浆果卵形。

③ 地桃花。锦葵科梵天花属。别名：肖梵天花。亚灌木状草本，小枝被星状绒毛。叶互生，茎下部的叶近圆形，先端浅3裂，基部圆形或近心形；中部的叶卵形；上部的叶长圆形至披针形。花期7～10月，花淡红色。果扁球形，直径约1cm，被星状短柔毛和锚状刺形，长径3～7cm。花期3～12月。聚伞花序，花很香，花冠白色，顶端5

裂。果期 3～12 月，检缘果倒卵形。稍耐盐、耐水。

④ 黄槿。锦葵科木槿属，别名：桐花、海麻。常绿小乔木，高 4～10m。叶革质，近圆形或广卵形，直径 8～15cm。花期 6～8 月。聚伞花序，顶生或腋生，花冠钟形，直径 6～7cm，花瓣黄色，内面基部暗紫色。蒴果卵圆形，长径约 2cm。极耐盐，耐水。

⑤ 磨盘草。锦葵科苘麻属。亚灌木状草本，分枝多，全株均被灰色短柔毛。叶卵圆形或近圆形，长径 4～9cm。花期 7～10 月，花单生于叶腋，花梗长达 4cm，花黄色，直径 2～2.5cm。果形状似磨盘，直径约 1.5cm，分果爿 15～20 个。

⑥ 阔苞菊。菊科阔苞菊属。灌木，高 2～3m。叶倒卵形或阔倒卵形，长径 3～7cm。花期全年。头状花序伞房状，小花。瘦果圆柱形。极耐盐，耐水。

⑦ 水黄皮。豆科水黄皮属。乔木，高 8～15m。嫩枝通常无毛，有时稍被微柔毛；老枝密生灰白色小皮孔，羽状复叶，小叶 2～3 对，近革质，卵形，阔椭圆形至长椭圆形，先端短而渐尖或圆形，基部宽楔形、圆形或近截形。荚果，表面有不甚明显的小疣凸，顶端有微弯曲的短喙，不开裂，沿缝线处无隆起的边或翅，有种子 1 粒，种子肾形。花期 5～6 月，果期 8～10 月。

⑧ 海杧果。夹竹桃科海杧果属。乔木，高 4～8m，胸径 6～20cm。树皮灰褐色；枝条粗厚，绿色，具不明显皮孔，无毛；全株具丰富乳汁，叶厚纸质，倒卵状长圆形或倒卵状披针形，稀长圆形，顶端钝或短渐尖，基部楔形，无毛，叶面深绿色，叶背浅绿色；中脉和侧脉在叶面扁平，在叶背凸起，侧脉在叶缘前网结。核果双生或单个，阔卵形或球形，顶端钝或急尖，外果皮纤维质或木质，未成熟绿色，成熟时橙黄色，种子通常 1 粒。花期 3～10 月，果期 7 月至翌年 4 月。

⑨ 银叶树。梧桐科银叶树属，常绿乔木，高约10m。树皮灰黑色，小枝幼时被白色鳞秕。叶革质，矩圆状披针形、椭圆形或卵形，顶端锐尖或钝，基部钝，上面无毛或几乎无毛，下面密被银白色鳞秕；托叶披针形，早落。圆锥花序腋生，花红褐色，萼钟状。果木质，坚果状，近椭球形，光滑，干时黄褐色，种子卵形。花期夏季。

⑩ 钝叶臭黄荆。马鞭草科豆腐柴属，攀缘状灌木或小乔木，高1~3m。老枝有圆形或椭圆形黄白色皮孔，嫩枝有短柔毛，叶片卵形、倒卵形至近圆形，顶端钝圆或短尖，但尖头钝，基部阔楔形或圆形，全缘，两面沿脉有短柔毛，上面常有沟。聚伞花序在枝顶组成伞房状。花果期7~9月。

3.2 植物群落特征

以往对海南东寨港红树林群落有较多的调查研究。早在20世纪90年代，郑德璋等就对东寨港的红树林及其生境进行过调查，发现天然分布于东寨港的红树植物18种，另有引种的红树、木果楝、瓶花木和无瓣海桑等，群落类型有白骨壤＋桐花树群落、红海榄＋角果木群落、秋茄＋桐花树群落、木榄群落，海莲—老鼠簕＋卤蕨群落、海莲＋桐花树群落、水椰群落、角果木群落、桐花树群落、角果木＋桐花树群落。管伟等对东寨港场部、竹山、山尾、三江4个地点的红树林进行了调查，鉴定出红树植物11种，属5科8属，共9个红树植物群落，分别为秋茄天然林群落、秋茄人工林群落、木榄天然林群落、木榄—桐花树半人工林群落、红海榄—桐花树半人工林群落、海莲天然林群落、海莲—桐花树半人工林群落、海桑人工林群落和无瓣海桑人工林群落。吴瑞等对东寨港的红树林植物种类和群落进行调查和分析，确定有红树植物 17 科 27 种，群落类型有红海榄群落、白骨壤群落、无瓣海桑＋海桑群落、秋茄群落、海莲群落及角果木群落 6 种，红树林群落演替系列是白骨壤群落（先锋群落，前沿向海带）→红海榄群落→海莲群落—角果木群落。依据群落优势种的情况，可将海南东寨港红树林植物群落分为 6 个优势种群落，即白骨壤群落、海莲群落、红海榄群落、角果木群落、秋茄群落、无瓣海桑群落。

陈清华等在实地踏勘基础上，采用生态地植物样地记录法，对海南东寨港 5 个主要的红树林分布区域布设的 10 个断面进行植被调查，共发现红树林植物 32 科 58 属 63 种。其中，真红树植物有 8 科 11 属 14 种，半红树植物有 6 科 8 属 8 种。各样地红树林植物群落类型季节变化不明显，群落结构处于同等水平。红树林植物生长相对缓慢，春秋季节未发现胸径及株高的明显变化。春季桐花树、无瓣海桑茂盛，冬季结实，群落生命力强，春季潮位低，植物繁殖迅速，冬季潮位相对较高，部分植物幼苗发育良好。

海南东寨港红树林群落类型较为丰富，群落结构表现为各优势种之间不同程度的混交状态，群落物种数以 4～6 种居多，说明该地红树林群落发育相对成熟，红树林极少受到人类活动的直接干扰，这与自然保护区较大的保护力度密切相关。

3.3　植物群落多样性分析

物种多样性是度量群落稳定性的重要指标。物种多样性与群落演替动态密切相关。综合各多样性指数，管伟等认为，东寨港各红树植物群落的物种多样性指数排序为海桑人工林群落＞木榄天然林群落＞

海莲—桐花树半人工林群落＞红海榄—桐花树半人工林群落＞海莲天然林群落＞木榄—桐花树半人工林群落＞秋茄天然林群落＞无瓣海桑人工林群落＞秋茄人工林群落。总体上各红树植物群落在物种组成上具有较大差异，但物种多样性均较低，指数最高仅为2.162。除了恶劣滩涂的适生种类较少外，各群落物种多样性指数较低同各自的群落形成以及演替阶段有关。广州南沙湿地红树林群落的Shannon- Wiener多样性指数为3.438，Simpson多样性指数为0.890，均匀度指数为0.880。南沙湿地红树林群落多样性高于其他与之纬度相近的澳头和湛江的红树林。湛江红树林中木榄群落、海漆群落、红海榄群落及无瓣海桑群落的指数值较高，Simpson多样性指数为2.34～3.27，Shannon- Wiener多样性指数为1.37～1.81，表现出较高的物种多样性，白骨壤群落的Simpson多样性指数（1.23）和Shannon-Wiener多样性指数（0.61）均最低。该调查中，在多样性指数方面，东寨港红树林多样性指数中海莲群落、红海榄群落及无瓣海桑群落的较高，Simpson多样性指数为3.57～4.19，Shannon-Wiener多样性指数为2.67～3.75，表现出较高的物种多样性。除了以单一物种组成的白骨壤群落、红海榄群落、秋茄群落外，角果木群落的Simpson多样性指数（1.55）和Shannon-Wiener多样性指数（1.81）均最低，说明其群落物种多样性很低，并且其种群在群落中的优势度明显高于其他种群。

各植物群落类型及其物种数见表3-1。

海南东寨港红树林群落都表现出较高的物种多特性，在均匀度方面，海莲群落、红海榄群落、无瓣海桑群落物种分布较均匀，海南东寨港角果木群落的均匀度都表现为很低水平。

表3-1 植物群落类型及其物种数

序号	群落类型	物种数	序号	群落类型	物种数
1	白骨壤＋桐花树	2	15	海莲—桐花树＋秋茄＋海漆	4
2	白骨壤纯林	1	16	红海榄＋白骨壤＋桐花树—卤蕨	4
3	海莲＋秋茄—海漆—老鼠簕＋卤蕨	5	17	红海榄＋角果木＋桐花树—老鼠簕＋卤蕨	5
4	海莲—白骨壤＋桐花树＋海漆—卤蕨	5	18	红海榄＋秋茄	2
5	海莲—红海榄＋白骨壤＋桐花树—老鼠簕	5	19	红海榄纯林	1
6	海莲—红海榄＋白骨壤＋桐花树—卤蕨	5	20	红海榄—老鼠簕	2
7	海莲—红海榄＋海漆＋黄槿—卤蕨	5	21	角果木＋红海榄＋黄槿—卤蕨	4
8	海莲—红海榄＋秋茄＋桐花树	4	22	秋茄＋桐花树	2
9	海莲—红海榄＋桐花树＋秋茄—老鼠簕＋卤蕨	6	23	秋茄纯林	1
10	海莲—角果木＋红海榄—卤蕨	4	24	秋茄—桐花树＋白骨壤—卤蕨	4
11	海莲—秋茄＋红海榄—卤蕨	4	25	桐花树＋海漆—卤蕨	4
12	海莲—秋茄＋桐花树＋白骨壤—卤蕨	5	26	无瓣海桑＋海莲—黄槿＋桐花树—老鼠簕＋卤蕨	6
13	海莲—秋茄＋桐花树—卤蕨	4	27	无瓣海桑＋海莲—桐花树＋红海榄＋海漆—老鼠簕＋卤蕨	7
14	海莲—桐花树＋红海榄＋黄槿—卤蕨	5	28	无瓣海桑＋卵叶海桑＋海莲—桐花树＋黄槿＋海漆—老鼠簕＋卤蕨	8

3.4 本章小结

红树林的分布、面积、植物组成和结构是红树林研究、管理和保护的基础。对红树林生态系统进行深入的研究和系统的管理，必须准确摸清其分布、面积、植物组成和结构。王胤等结合早期地形图和实地调查数据，利用 3 个时相的 TM 遥感图片计算出 1959 年、

1989 年、1996 年、2002 年 4 个时相的红树林面积分别为 3213.8hm²、1657.8hm²、2018.8hm² 和 1552.6hm²。他认为东寨港在过去的近 50 年里，有近 50% 的天然红树林被毁掉，红树林湿地被转换为经济林种植田、水产养殖塘、城镇基础设施建设用地等。自 1980 年保护区成立以来，红树林得到了一定程度的保护。罗丹等基于 RS 和 GIS 技术，通过遥感影像目视解译，得出 1988 年、1999 年和 2010 年东寨港红树林面积分别为 1691.48 hm²、1492.54 hm² 和 1600.20 hm²。1988 至 2010 年红树林面积总体呈现减小趋势，主要转移去向为其他土地和坑塘。对北港片区、演丰片区、三江片区、罗豆片区、铺前片区的红树林植物群落进行调查，发现东寨港红树林沿东寨港入海口呈环形分布，相对于我国其他地区如湛江红树林（呈带状散式分布），东寨港红树林分布较为集中。

海南东寨港红树林群落类型多样性较高，表现为各优势种之间不同程度的混交状态，且群落物种数较多，以 4～6 种为多，说明该地红树林群落发育相对成熟，与自然保护区保护效果明显、植物群落演替受外界的影响较小有关。

整体上，海南东寨港红树林群落都表现出较高的物种多样性，相比较而言，海南东寨港红树林的大部分植物群落物种多样性均高于湛江红树林。

第四章

CO_2 摩尔分数倍增对红树林植物秋茄、桐花树植物性状及其生物量的影响

目前大气中 CO_2 的浓度正在以每年约 1.2μmol/mol 的速度升高。迄今为止，高 CO_2 浓度的研究对一般植物更多集中在农作物或者草本植物上，以及水生植物更多集中在水生藻类以及少量海洋高等植物上。研究表明，CO_2 摩尔分数倍增对于植物生长形态以及生理指标的影响在短期内是有显著提升效应的，根据多数学者对于不同植被的试验研究都普遍表现出，短期内 CO_2 摩尔分数的增加会带来植物叶面积指数、净同化率值、叶质比、茎枝、叶、根和所有生物量的提升，然而较长时间在较高 CO_2 含量的环境下会给植株生理以及有关功能带来不利影响，并且 CO_2 摩尔分数的增加还会造成温度的提升，温度一旦升高，与 CO_2 同时作用于植被，原有的生长优势就不复存在了。而大气中 CO_2 含量的提升会让植物生长过快，根部 C 元素增多，但是叶片中的 N 元素会降低，原有的 C、N 平衡打破。因此，研究红树植物秋茄、桐花树形态特征及其生物量在 CO_2 摩尔分数倍增情景下的响应，是研究未来 CO_2 摩尔分数倍增环境下，红树林湿地 C、N 储量的必要基础数据。

本章对 CO_2 摩尔分数为 350μmol/mol、700μmol/mol 环境条件下，秋茄、桐花树的株高、基径、叶片厚度、生物量进行了对比研究，探索 CO_2 摩尔分数倍增环境下红树植物性状的响应机制，为研究植物的 C、N 储量研究奠定基础。

4.1　试验方法

4.1.1　试验设计

购买一年生秋茄、桐花树，通过人工修剪，选择树种株高较高的，并且植株基径以及质量大致相等的树种，在一个试验培养池里一共培养 10d，然后取出备用。将形态、长势相近的 1 年生秋茄幼苗，分别栽培在 1 号（CO_2 摩尔分数 700μmol/mol）、2 号（CO_2 摩尔分数 350μmol/mol）开顶箱培养槽内；长势相近的 1 年生桐花树幼苗，分别栽培在 3 号（CO_2 摩尔分数 700μmol/mol）、4 号（CO_2 摩尔分数 350μmol/mol）开顶箱培养槽内。每个培养槽均匀种 15 株。在种植以后，每隔 15d 采集一次植株样品，一直持续到第 120d。

4.1.2　测定指标与方法

（1）植物性状

茎高、基径：采用游标卡尺以及卷尺来测定在各培养槽内植株的径高以及基径，取其平均值。一年生秋茄、桐花树平均茎高分别为 32.7cm、28.2cm，基径分别为 0.55cm、0.52cm。

叶片组织结构：选择每株 5 片固定的新叶，按照 1d、15d、30d、45d、60d、90d、100d 和 120d 的频率，运用石蜡切片的方法来在显微镜下认真观察叶片的构造，选取水分不一样环境下的成熟的植株叶片，把中脉两侧的叶片分别切成 5mm 的正方形和长 10mm、宽 5mm 的长方形切片，然后用 FAA 来进行固定，用酒精对其进行脱水，用石蜡对其进行包埋。切片的实际厚度为 10μm 到 12μm，然后用番红—固绿对切片进行染色，做成石蜡切片。详细记录叶片上表皮角质层、叶片下表皮角质层、叶片上表皮、叶片上下表皮、叶片、叶片上栅栏组织、叶片上海绵组织的详细厚度，并且计算栅栏组织和海绵组织厚度的比值（P/S）。

（2）植物生物量测定

生物量测定为每株根、茎和叶的鲜重于105℃进行杀青处理30min后，于80℃的烘箱进行烘干处理，直到植株质量不变为止，然后计算得出干物率。并且把植株的鲜重转换成烘干后的质量，进而计算植株器官（根、茎、叶）的质量，其和即为全株生物量干重。生物量以干重计测，最后取其平均值。

4.2　结果与讨论

4.2.1　CO_2 摩尔分数倍增对秋茄形态特征的影响

（1）对秋茄茎高的影响

通过比较秋茄植株试验前后的茎高，计算秋茄在 CO_2 摩尔分数为350μmol/mol 和 700μmol/mol 条件下的月平均茎生长量。由图 4-1 可以看出，CO_2 摩尔分数倍增有助于秋茄茎高的生长，试验期间秋茄在 CO_2 为 350μmol/mol 培养条件下，四个月后平均茎高为39.5cm，月均增长量为 1.70cm；在 CO_2 为 700μmol/mol 培养条件下，秋茄平均茎高为40.3cm，月均增量为 1.88cm，增长率为 22.87%，月均增量增长 10.59%。CO_2 摩尔分数倍增，促进了秋茄的茎生长，差异显著。

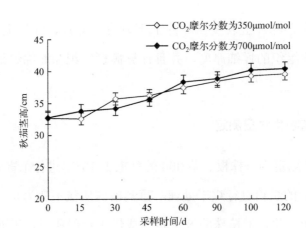

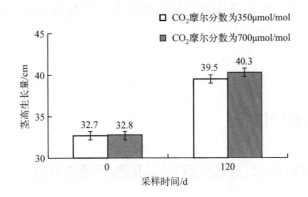

图4-1 CO_2摩尔分数倍增对秋茄茎高的影响

（2）对秋茄基径的影响

由图 4-2 可以看出，经过四个月的 OTC 培养试验，秋茄基径都显著增加，CO_2 为 700μmol/mol 培养条件下秋茄基径由 0.55cm 增长到 0.74cm，CO_2 为 350μmol/mol 培养条件下秋茄基径由 0.55cm 增长到 0.71cm。CO_2 摩尔分数的倍增促进了秋茄基径的增粗，差异显著。培养期间，CO_2 摩尔分数倍增处理试验秋茄基径月均增量和低浓度处理的月均增量分别为 0.048cm 和 0.040cm，月均增量增长 20%。

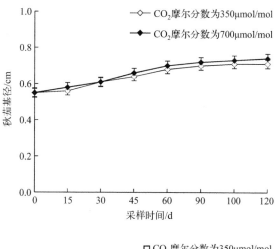

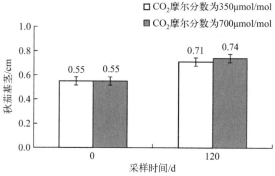

图4-2　CO₂摩尔分数倍增对秋茄基径的影响

CO_2摩尔分数倍增对秋茄茎高、基径的影响见表 4-1。

表4-1　CO₂摩尔分数倍增对秋茄茎高、基径的影响

时间 /d	茎高 /cm		基径 /cm	
	CO₂ 摩尔分数为 350μmol/mol	CO₂ 摩尔分数为 700μmol/mol	CO₂ 摩尔分数为 350μmol/mol	CO₂ 摩尔分数为 700μmol/mol
0	（32.7±0.50）A	（32.8±0.50）A	（0.55±0.10）a	（0.55±0.10）a
120	（39.5±0.80）B	（40.3±0.92）B	（0.71±0.04）b	（0.74±0.02）b

注：① 各个器官的数据表示为（平均值±标准差）；

② 相同列内的小写字母的不同代表差异处理在0.05水平上差异显著，相同列内的大写字母的不同代表差异处理在0.01水平上差异显著。

4.2.2 CO_2 摩尔分数倍增对桐花树形态特征的影响

（1）对桐花树茎高的影响

图 4-3 为不同 CO_2 摩尔分数条件下的桐花树月平均茎生长量，CO_2 摩尔分数为 350μmol/mol 培养条件下，试验后桐花树平均茎高为 36.6cm，月均增长量为 2.1cm；CO_2 摩尔分数为 700μmol/mol 培养条件下，桐花树平均茎高为 38cm，月均增量为 2.5cm，与试验前相比茎高增长率达 35.71%，月均增量增长 20%，差异显著。与秋茄相同，CO_2 摩尔分数倍增，对桐花树茎高增长有显著的促进作用。

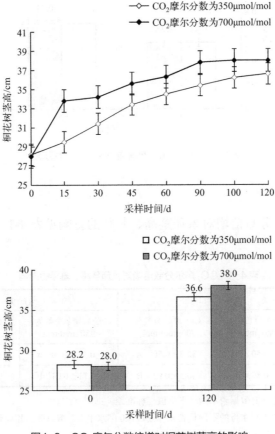

图4-3 CO_2摩尔分数倍增对桐花树茎高的影响

（2）对桐花树基径的影响

图 4-4 所示为不同 CO_2 摩尔分数条件下桐花树基径变化情况，CO_2 摩尔分数为 350μmol/mol 培养条件下基径增长量为 0.14cm，月均增长量为 0.04cm，CO_2 摩尔分数为 700μmol/mol 培养条件下桐花树基径增长量为 0.16cm，月均增长量 0.048cm。高摩尔分数 CO_2 处理的桐花树植株基径比当前大气 CO_2 摩尔分数处理的月均增量高出 20%，差异显著。CO_2 摩尔分数的倍增对植株基径有显著的促进效果。

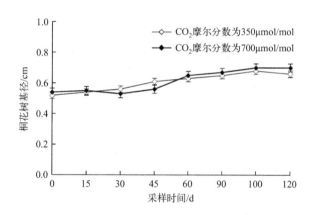

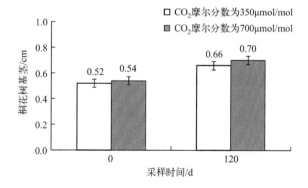

图4-4　CO_2摩尔分数倍增对桐花树基径的影响

　　CO_2 摩尔分数倍增对桐花树茎高、基径的影响见表 4-2。

表4-2　CO_2摩尔分数倍增对桐花树茎高、基径的影响

时间 /d	茎高 /cm		基径 /cm	
	CO_2 摩尔分数为 350μmol/mol	CO_2 摩尔分数为 700μmol/mol	CO_2 摩尔分数为 350μmol/mol	CO_2 摩尔分数为 700μmol/mol
0	（28.2±0.20）A	（28.0±0.20）A	（0.52±0.04）a	（0.54±0.04）a
120	（36.6±0.60）B	（38.0±0.50）B	（0.66±0.05）b	（0.70±0.05）b

　　注：①各个器官的数据表示为（平均值±标准差）；

　　②相同列内的小写字母的不同代表差异处理在0.05水平上差异显著，相同列内的大写字母的不同代表差异处理在0.01水平上差异显著。

　　CO_2 浓度增加会缩短植物的生育期，促进农作物的生长，这在农作物上已有大量试验进行。试验结果表明，在 120d 试验期内，CO_2 摩尔分数倍增促进了秋茄和桐花树的茎的长高和基茎的增粗，有利于秋茄和桐花树的生长，主要原因是秋茄、桐花树其叶片和大气直接接触，CO_2 的含量逐渐提升有利于植株叶片的光合作用，进而推进了该营养水平下秋茄、桐花树的生长，这与前人关于 CO_2 摩尔分数倍增对陆生植物生长促进程度的报道一致。

4.2.3　CO_2 摩尔分数倍增对秋茄、桐花树叶解剖结构的影响

（1）对秋茄叶解剖结构的影响

　　由表 4-3 可以看出：700μmol/mol CO_2 摩尔分数的条件下，秋茄叶片解剖各结构层厚度均略高于 350μmol/mol CO_2 摩尔分数的条件下处理的秋茄叶片，表明随着 CO_2 摩尔分数的增高，秋茄叶片厚度呈现出增加的趋势，差异显著。700μmol/mol CO_2 摩尔分数的条件下上表皮角

质层厚平均为 10.84μm，大于 350μmol/mol CO_2 的 10.76μm。700μmol/mol CO_2 摩尔分数和 350μmol/mol CO_2 摩尔分数的条件下下表皮角质层厚分别为 3.68μm 和 3.73μm。秋茄上表皮和下表皮平均厚度分别增加 0.08μm 和 0.04μm，海绵组织平均增厚 7.24μm，其增厚程度最大为 3.55%，差异显著，栅 / 海分别为 0.95、0.93。

表4-3　秋茄叶片解剖结构量化结果

CO_2摩尔分数 / (μmol/mol)	上表皮角质层 厚度 /μm	下表皮角质层 厚度 /μm	叶片栅栏组织 厚度 /μm	叶片海绵 组织的厚度 /μm	栅 / 海
350	(10.76±0.25) a	(3.68±0.25) a	(193.81±3.93) ab	(203.66±3.45) a	(0.95±0.45) a
700	(10.84±0.21) b	(3.72±0.28) a	(197.46±1.58) b	(210.90±2.96) b	(0.93±0.23) b

注：① 各个器官的数据表示为（平均值±标准差）；
② 相同列内的小写字母的不同代表差异处理在0.05水平上差异显著。

（2）对桐花树叶解剖结构的影响

由表 4-4 可以看出：700μmol/mol CO_2 摩尔分数的条件下，桐花树叶片解剖各结构层厚度均略高于 350μmol/mol CO_2 摩尔分数的条件下处理的桐花树叶片，表明随着 CO_2 摩尔分数的增高，桐花树叶片厚度呈现出增加的趋势，差异显著。700μmol/mol CO_2 摩尔分数的条件下，上表皮角质层厚度平均为 4.03μm，仅略大于 350μmol/mol CO_2 摩尔分数条件下的 3.79μm。700μmol/mol CO_2 摩尔分数和 350μmol/mol CO_2 摩尔分数条件下的表皮角质层平均厚分别为 2.84μm 和 2.66μm。CO_2 摩尔分数倍增条件下，桐花树上表皮和下表皮平均厚度分别增加 0.21μm 和 0.18μm。栅栏组织平均增厚 1.12μm，海绵组织平均增厚 2.91μm，栅 / 海分别为 0.82 和 0.81，可见 CO_2 摩尔分数倍增对栅 / 海影响不大。

表4-4　桐花树叶片解剖结构量化结果

CO_2摩尔分数 / （μmol/mol）	上表皮角质层 厚度 /μm	下表皮角质层 厚度 /μm	叶片栅栏组织的 厚度 /μm	叶片海绵组织的 厚度 /μm	栅 / 海
350	（3.79±1.12）a	（2.66±0.67）a	（71.21±3.48）ab	（86.61±4.34）a	（0.82±0.22）a
700	（4.03±1.02）b	（2.84±0.82）a	（72.33±4.02）a	（89.52±4.06）bc	（0.81±0.23）b

注：① 各个器官的数据表示为（平均值±标准差）；
② 相同列内的小写字母的不同代表差异处理在0.05水平上差异显著。

秋茄生长在海岸潮间带，长期处于强光照和生理性干旱以及海水浸泡环境下，因此其叶片结构已形成一套异于其他陆地的植株系统，秋茄植株的上表皮角质膜要比下表皮角质膜厚，上表皮角质膜无气孔。秋茄植株叶肉具有比较明显的栅栏以及海绵构造的相互分化，并且栅栏构造具有多个层次。这种构造能够促进植株的光合作用，其角质膜一般具有防水的作用，会有效预防病菌孢子的萌发，这样就可以极大地降低水分的蒸腾作用，此外还可以反射照来的强光，预防灼伤。

CO_2摩尔分数倍增环境条件下，秋茄、桐花树叶片各组织器官明显增厚，差异显著。杨松涛等对小麦、大麦、水稻、高粱等10种禾本科植物幼苗叶片的形态结构进行比较研究发现，在CO_2摩尔分数倍增条件下，除野大麦和玉米外，其他几种禾本科植物的叶片厚度普遍增加，表皮细胞密度下降。林金星发现CO_2浓度升高使大豆叶肉中增加了一层栅栏组织，从而使叶片明显增厚。在本研究中，秋茄海绵组织平均增厚7.24μm，增厚程度达3.55%；桐花树海绵组织平均增厚2.91μm，增厚程度达3.36%，增厚明显，差异显著，这与前人关于CO_2摩尔分数倍增对植物叶片促进趋势的报道一致。

4.2.4　CO₂摩尔分数倍增对秋茄、桐花树生物量的影响

（1）对秋茄生物量的影响

由图4-5可知，经过120d的试验，秋茄根生物量都显著增加，CO_2摩尔分数为700μmol/mol培养条件下，秋茄根干重由9.2g生长到16.87g，350μmol/mol培养条件下，秋茄根干重增长到14.07g。CO_2摩尔分数的倍增明显促进了秋茄根的生长，培养期内，秋茄根生物量在700μmol/mol CO_2摩尔分数的处理条件下比350μmol/mol CO_2摩尔分数处理条件高出19.9%，差异显著。

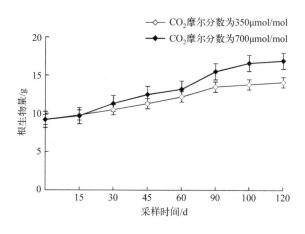

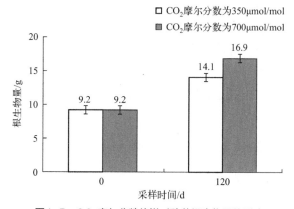

图4-5　CO₂摩尔分数倍增对秋茄根生物量的影响

由图 4-6 可知，经过 120d 的试验，CO_2 摩尔分数为 700μmol/mol 培养条件下，秋茄茎干重由 5.9g 生长到 8.5g，350μmol/mol 培养条件下，秋茄茎干重增长到 7.8g。CO_2 摩尔分数的倍增明显促进了秋茄茎的生长，培养期内，CO_2 摩尔分数倍增情境下，秋茄茎生物量在 700μmol/mol CO_2 摩尔分数的处理条件下比 350μmol/mol CO_2 摩尔分数处理条件高出 8.97%。

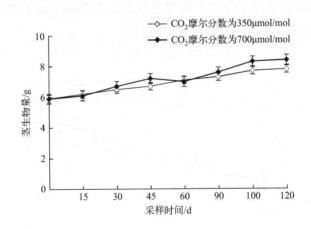

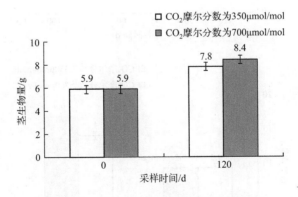

图4-6 CO_2摩尔分数倍增对秋茄茎生物量的影响

由图 4-7 可知，经过 120d 的试验，秋茄叶生物量都显著增加，CO_2 摩尔分数为 700μmol/mol 培养条件下，秋茄叶干重由 7.7g 生长到 13.5g，CO_2 摩尔分数为 350μmol/mol 培养条件下，秋茄叶干重增长到 11.2g。CO_2 摩尔分数的倍增明显促进了秋茄叶片总生物量的增高，培养期内，秋茄叶的干重在 700μmol/mol CO_2 摩尔分数的处理条件下比 350μmol/mol CO_2 摩尔分数处理条件高出 20.53%。

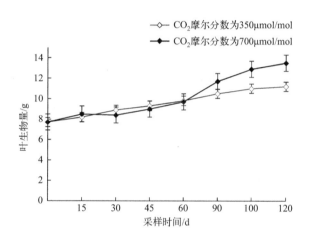

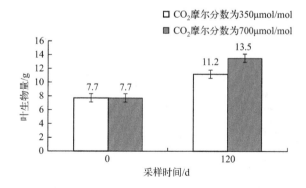

图4-7 CO_2摩尔分数倍增对秋茄叶生物量的影响

由图 4-8 可知，经过 120d 的 OTC 培养试验，秋茄总生物量都显著增加，CO_2 摩尔分数为 700μmol/mol 培养条件下，秋茄干重由 22.8g 生长到 38.8g，CO_2 摩尔分数为 350μmol/mol 培养条件下，秋茄干重增长到 33.1g。培养期内，高摩尔分数 CO_2 处理秋茄的干重比当前大气 CO_2 摩尔分数处理的高出 17.22%，由此表明 CO_2 摩尔分数的倍增促进了秋茄生物量的累积，差异显著。

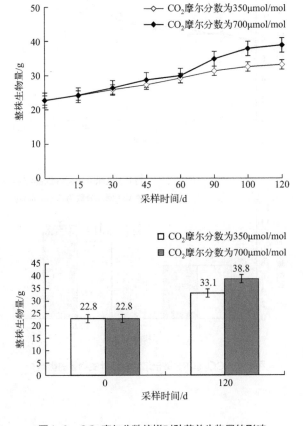

图4-8　CO_2摩尔分数倍增对秋茄总生物量的影响

CO_2摩尔分数倍增对秋茄各器官生物量的影响见表 4-5。

表4-5　CO_2摩尔分数倍增对秋茄各器官生物量的影响

CO_2摩尔分数/（μmol/mol）	根/g	茎/g	叶/g	整株/g
350	（14.07±0.9）b	（7.80±0.5）c	（11.20±0.5）B	（33.1±1.30）A
700	（16.87±0.8）a	（8.50±0.5）c	（13.50±0.7）B	（38.8±1.10）B

注：① 各个器官的数据表示为平均值±标准差；

② 相同列内的小写字母的不同代表差异处理在0.05水平上差异显著，相同列内的大写字母的不同代表差异处理在0.01水平上差异显著。

（2）对桐花树生物量的影响

与秋茄试验组结果相同，试验后桐花树根生物量显著增加，如

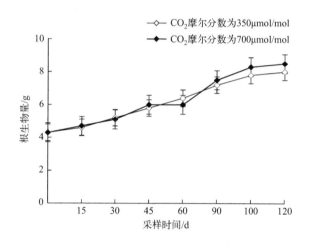

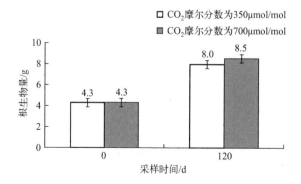

图4-9　CO_2摩尔分数倍增对桐花树根生物量的影响

图 4-9 所示，CO_2 摩尔分数为 700μmol/mol 培养条件下桐花树根干重由 4.32g 生长到 8.53g，CO_2 摩尔分数为 350μmol/mol 培养条件下处理试验桐花树干重增长到 7.96g。CO_2 摩尔分数的升高明显促进了桐花树根生长，桐花树的根干重比 350μmol/mol CO_2 摩尔分数情景下高出 6.62%，差异显著。

由图 4-10 可知，桐花树茎生物量都显著增加，CO_2 摩尔分数为 700μmol/mol 培养条件下，桐花树茎干重由 4.85g 生长到 8.3g，CO_2 摩尔分数为 350μmol/mol 培养条件下桐花树干重增长到 7.59g。CO_2 摩尔分数的升高明显促进了桐花树茎的生长，培养期内，CO_2 摩尔分数

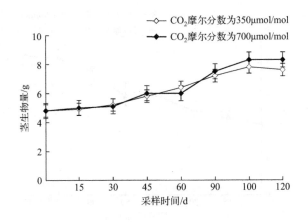

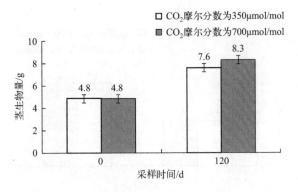

图4-10　CO_2摩尔分数倍增对桐花树茎生物量的影响

倍增情景下，桐花树茎的干重比当前大气 CO_2 摩尔分数情景下高出 9.35%，差异显著。

如图 4-11 所示，试验后，桐花树叶片生物量显著增加，CO_2 摩尔分数为 700μmol/mol 的培养条件下，桐花树干重由 6.38g 增长到 11.41g，CO_2 摩尔分数为 350μmol/mol 的培养条件下，桐花树干重增长到 10.95g。CO_2 摩尔分数的升高，明显促进了桐花树叶片总生物量的增高，但与秋茄相比，试验后 CO_2 摩尔分数对桐花树叶片生物量影响并不显著，在培养期内，CO_2 摩尔分数倍增条件下，桐花树叶片的干重增长 4.2%。

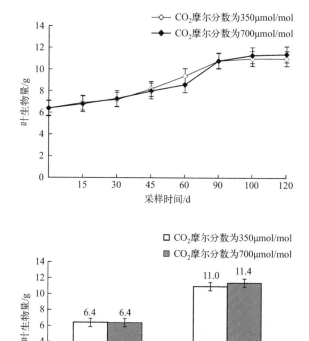

图4-11　CO₂摩尔分数倍增对桐花树叶生物量的影响

由图 4-12 可知，CO_2 摩尔分数倍增使桐花树总生物量都显著增加，CO_2 摩尔分数为 700μmol/mol 的培养条件下，桐花树干重由 15.45g 生长到 28.24g，CO_2 摩尔分数为 350μmol/mol 的培养条件下，桐花树干重增长到 26.54g。培养期内，CO_2 摩尔分数倍增情景下，桐花树的干重比当前大气 CO_2 情景下高出 6.4%，由此表明 CO_2 摩尔分数的升高，明显促进了桐花树叶生物量的累积。

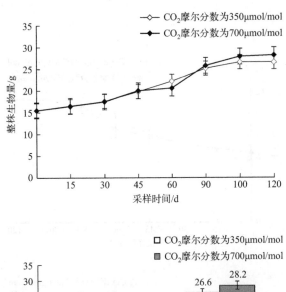

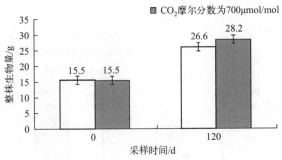

图4-12 CO_2摩尔分数倍增对桐花树总生物量的影响

CO₂摩尔分数倍增对桐花树各器官生物量的影响见表4-6。

表4-6 CO₂摩尔分数倍增对桐花树各器官生物量的影响

CO₂摩尔分数 / (μmol/mol)	根 /g	茎 /g	叶 /g	整株 /g
350	（8.00±0.5）a	（7.59±0.3）a	（10.95±0.6）A	（26.54±1.3）A
700	（8.53±0.6）ab	（8.30±0.4）b	（11.41±0.8）B	（28.24±1.0）B

注：① 各个器官的数据表示为（平均值±标准差）；
② 相同列内的小写字母的不同代表差异处理在0.05水平上差异显著，相同列内的大写字母的不同代表差异处理在0.01水平上差异显著。

研究发现，在120d试验期内，CO₂摩尔分数倍增对秋茄、桐花树生物量具有显著的提升作用。其中，秋茄叶的生物量增加较茎和根大，桐花树茎的生物量增加较根和叶大，CO₂摩尔分数倍增对红树植物地上部分生物量的影响相比地下部分更为明显，这利于植物在环境胁迫下摄取更多的养分及水分，从而更好地适应高CO₂摩尔分数环境。秋茄和桐花树对CO₂富集为正响应，120d培养期内，与CO₂摩尔分数为350μmol/mol试验处理比较，秋茄和桐花树生物量显著升高（17.22%和6.4%）。这说明在模拟红树林湿地系统中，CO₂摩尔分数倍增起到了"施肥"的效果。

4.3 本章小结

CO₂摩尔分数倍增的环境条件下，秋茄和桐花树的基径和茎高明显提升，差异显著。秋茄、桐花树叶片各组织器官明显增厚，海绵组织增厚最多。根、茎、叶的生物量都显著升高，其中秋茄叶片生物量提高的最多，其次为根和茎；桐花树茎生物量提高的最多，其次为根和叶，这说明与根、茎相比，CO_2 摩尔分数升高对秋茄叶片和桐花树茎的生长有更加明显的促进作用，且对红树植物地上部分生物量的影响相比地下部分更为明显。秋茄总生物量增加 17.22%，桐花树总生物量增加 6.4%，差异显著，这说明 CO_2 摩尔分数增加对秋茄生物量有明显的促进作用，起到了"施肥"的效果。

第五章

CO₂摩尔分数倍增对秋茄、桐花树模拟湿地系统 C、N 含量的影响

目前，有关大气 CO_2 摩尔分数倍增对生态系统影响的研究多数集中在森林、农田和草地等陆地生态系统范围内，且多为植株的生理改变因素、植物物种的更替因素、植株地下根系因素、植株根系的有关分泌物因素以及土壤中的各种微生物因素对空气中 CO_2 含量提升的模拟分析，对于水生植株的分析比较少见。

因为红树林处于海岸边，这种开放的特别环境使得 C 和 N 元素的生态循环要比一般的内陆树林繁杂，主要包含植被与空气之间的循环、植被和沉积物之间的循环、沉积物和空气之间的循环，还有沉积物和海水之间的循环，这就使得一部分成分或者循环过程的测量变得复杂，其测定的办法也待寻求。除此以外，红树林的日常监测以及红树林的遥感研究等相关信息都体现了红树植株以及有关沉积物都表现出较大的空间异质特性以及模糊特性，并且空气中 CO_2 摩尔分数提升对海边红树植株中 C 和 N 元素含量的改变还不明确，对红树林植物湿地中 C、N 含量在 CO_2 摩尔分数倍增条件下的研究，将为红树植株中 C 和 N 元素的含量分析以及提升 C 和 N 元素生态功能提供重要的数据支撑。

本章模拟海水半日潮，对比研究 CO_2 摩尔分数为 350μmol/mol、700μmol/mol 的干、湿交替环境条件下，典型红树植物秋茄、桐花树湿地模拟系统的 C（TC、TOC、IC）含量、N 含量（NH_4^+ - N、NO_3^- - N、TN）的变化。

5.1　试验方法

5.1.1　试验设计

本次试验将运用自动的潮汐模拟设备，该设备主要包含前模拟槽以及后模拟槽，一共 12 个，前模拟槽主要用于储存水，后模拟槽主要用于培养，前模拟槽和后模拟槽之间都用功率为 15W 的抽水泵来实现二者之间的流通，并设置一个定时器，以管控模拟涨潮的实际时间。前模拟槽内放置人工配置的海水，每个星期对该海水进行测定，保持其盐度为 1%，水深为 42cm，模拟干湿交替半日潮，植株全部浸水的时间是 4h，开始时间是上午 10 点，第二次植株被全部浸水的开始时间为晚上 10 点，一天内植株潮汐浸泡总时间是 8h。试验中样品的收集主要在植株培养的第 1 天开始，在第 1、第 15、第 30、第 45、第 60、第 90、第 100 以及第 120 天进行采样，水样的采集每一次取样 500mL，每次取 0～5cm 深的泥样 100g 左右。

5.1.2　测试方法

测定底泥和水体中的理化性质如 pH、TOC、IC、TC、$NH_4^+ - N$、$NO_3^- - N$、TN 等指标的方法见 2.6。

在系统 C、N 收支中，将 OTC 系统看作一个相对封闭的体系，在试验中控制了底泥量和水量。因此，利用下面的公式来计算水体中和底泥中的总碳、氮的量的变化：

$$m_C = m_水 + m_泥$$

式中　m_C——水和底泥中总碳的质量，g；

　　　$m_水$——水中总碳体积分数 × 试验单元用水体积，每个试验单元用水体积为 1000L；

$m_{泥}$——底泥中总碳质量浓度 × 底泥质量，底泥中总质量为 200kg。

$$m_{\mathrm{N}} = m_{\mathrm{N}} + m_{\mathrm{N}}$$

式中　m_{N}——水和底泥中总氮的质量，g；

　　　$m_{水}$——水中总氮体积分数 × 试验单元用水体积，每个试验单元用水体积为 1000L；

　　　$m_{泥}$——底泥中总氮质量浓度 × 底泥质量，底泥中总质量为 200kg。

每个试验单元用水体积为 1000L，假设短期试验对底泥的影响较少，只在表层积累了养分，因此取样只取底泥上部大概 5cm 深度，因此按照总质量（600kg）的 1/3 即 200kg 计算总量。

PLFA 的检测方法如下。

（1）磷脂脂肪酸的提取

把底泥试样进行称量，选出 1g 加入到离心管里进行离心，然后添加 5mol/L 的磷酸溶液 5mL，该溶液 pH 值为 7.4，添加氯仿溶液 6mL，添加甲醇溶液 12mL，而后添加浓度为 2.5mol/L 的 $C_{46}H_{93}NO_8P$ 溶液 5μL 当做内标，震荡持续半小时，然后置于离心机中以 3500r/min 的速度持续 10min，获取上清液，转移至分液漏斗中，而后在试样沉淀中再添加 5mL 的磷酸溶液，再添加 6mL 的三氯甲烷溶液，再添加 12mL 的甲醇溶液，震荡持续半个小时，然后置于离心机中以 3500r/min 的速度持续 10min，获取上清液，同样转移至分液漏斗中，添加氯仿溶液 12mL，然后添加 5mol/L 的磷酸溶液 12mL，震荡持续 2min，静置，第二天把下层溶液转入到玻璃管，放置于真空离心浓缩仪里进行旋转干燥，而后添加 5 份体积为 200 μL 的氯仿溶液，充分溶解后加入到硅胶萃取小柱里，用氯仿溶液和丙酮溶液对萃取柱进行清洗，各用 5mL 即可，用丙酮溶液再洗一次，最后用一点点甲醇溶液清洗，清洗过后用甲醇洗脱（只用 5mL 即可），最终把洗脱液全部转移到玻璃管中，进而旋转干燥就可以获得磷脂脂肪酸。

（2）磷脂脂肪酸甲基化

把 PLFA 加入到溶液总体积为 1mL 的甲苯以及甲醇的混合溶液之内，甲苯溶液及甲醇溶液的体积相等，然后添加浓度为 0.2mol/L 的 KOH 溶液 1mL，搅拌均匀，然后放入 37℃ 的温水中，持续 15min，而后添加浓度为 1mol/L 的 CH_3COOH 溶液 0.3mL，而后添加正己烷溶液 2mL，再加入 2mL 纯净水，进而萃取分离，取上清液转入到试管，而后再加入正己烷溶液 2mL。按照上述条件再萃取一次，再取上清液转入到原来试管中，通过旋干，获得甲基化的 PLFA，置于 4℃ 的环境中储存。

（3）磷脂脂肪酸的气相色谱分析

把 1mL 正己烷有机试剂加入到 PLFA 试样中，然后对其进行气相色谱的研究，这种仪器包含分流进口部位、不分流进口部位、FID 部位和气相色谱化学工作站这四个部分。色谱的柱长 2.5cm，内部直径为 0.2mm，色谱柱内部的液膜厚 0.33μm。炉内的开始温度为 170℃，以 5℃ /min 的速度递增，直到炉内温度达到 260℃，进而以 40℃ /min 的速度递增，直到炉内温度达到 310℃，并且保持 90s，以 H_2 为载体，使试样在 250℃ 的环境下，以 0.5mL/min 的速度分流（以 100 倍的比例分流）进入进样口，这样得到的试样量为 2μL，检测到的温度为 300℃，H_2 流动的速度为 30mL/min，大气流动的速度为 216mL/min，

补充的 N_2 流动的速度为 30mL/min。

5.1.3　数据处理

试验数据都按照（平均值 ± 标准差）（S.D）来体现，检测中的误差线就代表各个平行的样本之间的标准差。然后运用 SAS 9.1 软件对数据进行方差分析，采用 LSD 法进行差异显著性分析。

5.2　结果与讨论

5.2.1　CO_2 摩尔分数倍增对无植物对照培养池水中 C、N 含量的影响

在 5、6 号培养箱中，对无植物对照培养池水中的 TC 和 TN 进行了测定，由图 5-1 中可知，从第 1 天到 120 天的培养期内，经 CO_2 摩尔分数为 700μmol/mol 和 350μmol/mol 的条件培养之后，水中无论是 TC 的质量浓度，还是 TN 的质量浓度，都未发生明显变化。CO_2 摩尔分数变化对水中 C 的溶解性能影响很小，两者之间并没有产生明显的差异。水中 TC 的溶解能力并没有明显增强，水中 TN 的质量浓度也受其影响较小，这表明并没有过多的外来 C 源流入该系统之中，仅仅以自来水作为空白对照来说，随着 CO_2 摩尔分数的增长，TC、TN 质量浓度并不会发生明显变化。

在本研究中，通过对未栽培植物的对照培养池水中 TC、TN 的研究表明，CO_2 摩尔分数倍增后，TC、TN 质量浓度没有显著的升高。可见，在短期内，CO_2 摩尔分数倍增不能通过溶解这个物理过程改变水中溶解 C 的浓度。另外，水体中 N 的来源主要是大气的

干湿沉降、植物的固定、底泥的释放和微生物与蓝绿藻类的固定作用。在本研究中，采用的是没有底泥干扰的自来水进行对照，水中微生物、藻类的量较少，同时也排除底泥中 N 的释放过程和植物体释放的干扰，外源 N 素很少，所以，水体中 TN 也没有显著变化。因此，可以认为水中 TC、TN 的变化是植物系统自身的影响所产生的差异。

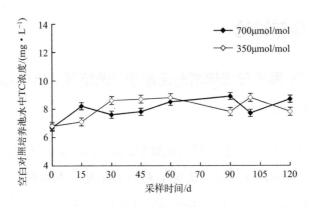

a. CO_2 摩尔分数倍增对空白对照培养池水中TC浓度的影响

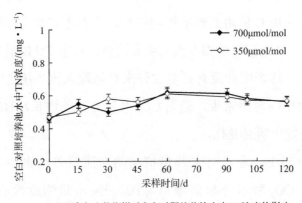

b. CO_2 摩尔分数倍增对空白对照培养池水中TN浓度的影响

图5-1 CO_2 摩尔分数倍增对空白对照培养池水中的TC和TN浓度的影响

5.2.2　CO_2 摩尔分数倍增对秋茄、桐花树模拟湿地系统内 C 含量的影响

（1）对红树植物 - 秋茄湿地模拟系统内水中 C 含量的影响

在 120d 的培养期内，通过测定 1 号、2 号、5 号以及 6 号培养槽水中 C 的含量发现，大气 CO_2 摩尔分数倍增对秋茄湿地系统内 TC、TOC 和 IC 的溶解量产生了显著的影响，在 CO_2 摩尔分数为 700μmol/mol 的条件下，秋茄模拟系统的水中 TC 值显著高于 350μmol/mol CO_2 处理的系统，平均高出 5.8%（图 5-2）；前者水中 TOC 质量浓度平均值高

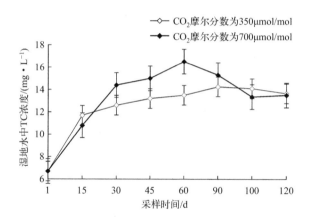

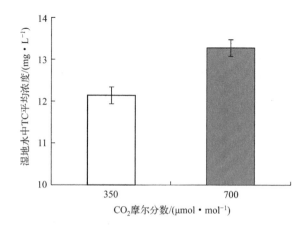

图5-2　CO_2摩尔分数倍增对秋茄湿地水中TC的影响

出后者 13.38%（图 5-3），差异显著；IC 平均降低 1.5%（图 5-4），差异显著。可见，在红树植物秋茄湿地系统中，CO_2 摩尔分数倍增通过红树植物的作用，水体中 TOC 的溶解量得到提升，其浓度得到了增加，另外，水中 IC 的利用速率也得到了明显提升。在水中所溶解的 C 组分中，TOC 占有很高的比例，因此系统中 TC 的含量持续上升。

CO_2 摩尔分数倍增对红树植物秋茄湿地系统中 C 含量的影响见表 5-1。

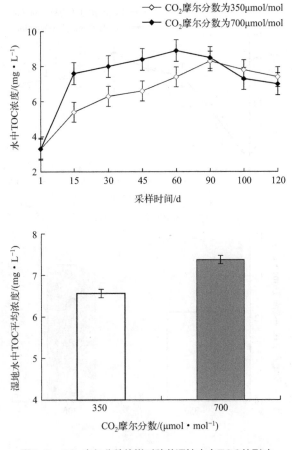

图5-3 CO_2摩尔分数倍增对秋茄湿地水中TOC的影响

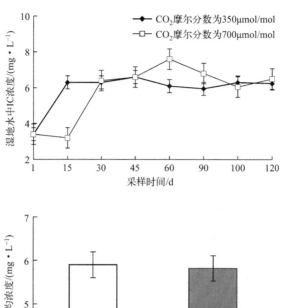

图5-4　CO₂摩尔分数倍增对秋茄湿地水中IC的影响

表5-1　CO₂摩尔分数倍增对红树植物－秋茄湿地系统中C含量的影响

CO₂摩尔分数 / (μmol·mol⁻¹)	水 中		
	水中 TC 质量浓度 / (mg·L⁻¹)	TOC 质量浓度 / (mg·L⁻¹)	水中 IC 质量浓度 / (mg·L⁻¹)
350	（12.46±2.47）b	（6.50±1.60）a	（5.91±1.03）a
700	（13.19±3.12）a	（7.37±1.77）b	（5.82±1.62）b

注：① 各个指标的数据表示为（平均值±标准差）；

② 相同列内的小写字母的不同代表差异处理在0.05水平上差异显著，相同列内的大写字母的不同代表差异处理在0.01水平上差异显著。

（2）对秋茄湿地模拟系统中土壤 C 含量的影响

大气 CO_2 摩尔分数倍增对秋茄湿地系统土壤中的 TC、TOC 和 IC 产生了显著的影响。120d 的培养期内，在 CO_2 摩尔分数为 700μmol/mol 和 350μmol/mol 的条件下，土壤 TC、TOC 都呈明显降低趋势，差异显著；除在第 120d 时低摩尔分数 CO_2 处理的土壤中 TC 质量浓度高于高摩尔分数 CO_2 处理的土壤，整个试验周期里高摩尔分数 CO_2 处理的土壤中 TC 质量浓度都略高于低摩尔分数 CO_2 处理的土壤，平均高出 2.8%（图 5-5）；高摩尔分数 CO_2 处理的土壤 TOC 质量浓度平均值比低摩尔分数 CO_2 处理的高出 5.7%（图 5-6），差异显著；从培养 45d

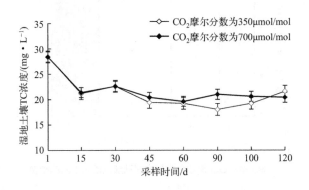

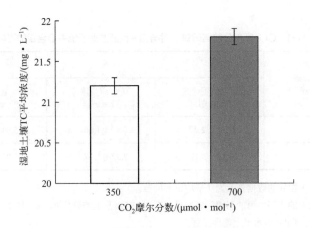

图5-5　CO_2摩尔分数倍增对秋茄湿地土壤中TC的影响

开始，高摩尔分数 CO_2 处理的土壤中 TOC 显著高于低摩尔分数 CO_2 处理的土壤，说明土壤 TOC 对高摩尔分数 CO_2 的响应比较滞后；无论是高摩尔分数 CO_2 还是低摩尔分数 CO_2 处理的土壤，IC 质量浓度都表现为先下降又升高的趋势，与 TC 和 TOC 不同，在高摩尔分数 CO_2 作用下，红树林植物秋茄模拟系统的土壤 IC 质量浓度平均值低于当前摩尔分数 CO_2 处理的值，平均降低 6.5%（图 5-7）。通过上述分析可知，典型红树林植物秋茄湿地系统中 CO_2 摩尔分数倍增使土壤中的 TC 和 TOC 质量浓度增加，IC 质量浓度降低。

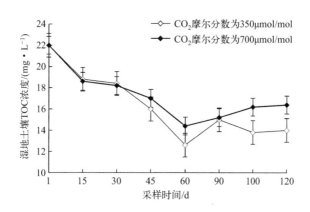

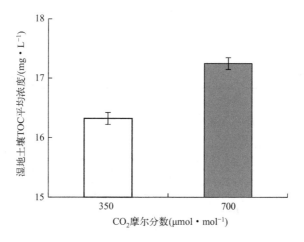

图5-6　CO₂摩尔分数倍增对秋茄湿地土壤中TOC的影响

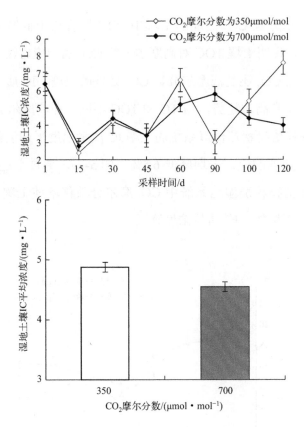

图5-7　CO_2摩尔分数倍增对秋茄湿地土壤中IC的影响

CO_2摩尔分数倍增对红树植物 - 秋茄湿地系统土壤中 C 的影响见表 5-2。

表5-2　CO_2摩尔分数倍增对红树植物−秋茄湿地系统土壤中C的影响

CO_2摩尔分数 / （μmol · mol^{-1}）	土壤中		
	TC 质量浓度 /（mg · L^{-1}）	TOC 质量浓度 /（mg · L^{-1}）	IC 质量浓度 /（mg · L^{-1}）
350	（21.21±3.28）a	（16.32±3.16）ab	（4.87±1.90）c
700	（21.81±2.81）ab	（17.25±2.37）b	（4.55±1.20）c

注：① 各个指标的数据表示为（平均值±标准差）；
② 相同列内的小写字母的不同代表差异处理在0.05水平上差异显著，相同列内的大写字母的不同代表差异处理在0.01水平上差异显著。

（3）对桐花树湿地模拟系统水中 C 含量的影响

在 120d 的培养期内，大气 CO_2 摩尔分数倍增对桐花树湿地系统内 TC、TOC 和 IC 质量浓度产生了显著的影响，在 CO_2 摩尔分数为 700μmol/mol 的条件下，桐花树模拟系统的水中 TC 质量浓度显著高于低摩尔分数 CO_2 处理的水，平均高 6.6%（图 5-8）；高摩尔分数 CO_2 处理的水中 TOC 质量浓度平均值高于低摩尔分数 CO_2 处理的水，达 13.8%（图 5-9）；IC 质量浓度也为上升的趋势，在高摩尔分数 CO_2 作

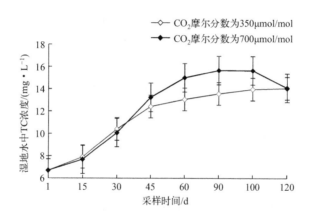

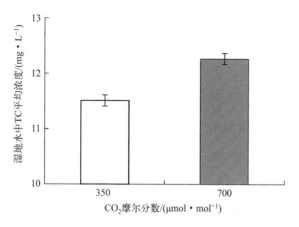

图5-8 CO₂摩尔分数倍增对桐花树湿地水中TC的影响

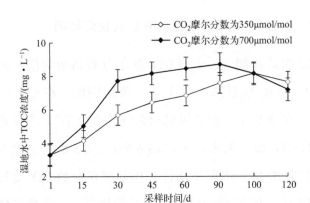

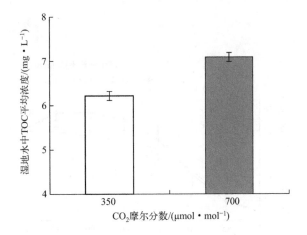

图5-9 CO$_2$摩尔分数倍增对桐花树湿地水中TOC的影响

用下，红树林植物桐花树模拟系统水中IC的质量浓度显著低于当前浓度CO$_2$处理的值，平均降低2.1%（图5-10），差异显著。可见，在典型红树林桐花树湿地系统中，CO$_2$摩尔分数倍增并通过红树植物的作用，可以加速TOC在水体中的溶解，提高其质量浓度，还可促进对水体中IC的利用效率，降低IC质量浓度，然而，对于溶解在水中的C组分来说，TOC所占比例很大，因此系统中的TC质量浓度具有上升趋势。

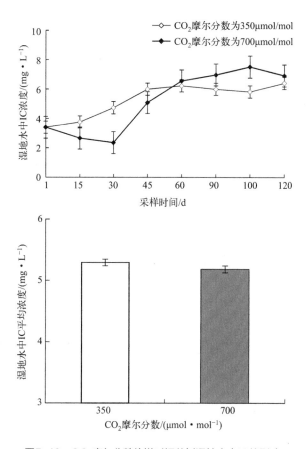

图5-10　CO₂摩尔分数倍增对桐花树湿地水中IC的影响

CO₂摩尔分数倍增对红树植物-桐花树湿地系统水中C的影响见表5-3。

表5-3　CO₂摩尔分数倍增对红树植物-桐花树湿地系统水中C的影响

CO₂摩尔分数 / （μmol·mol⁻¹）	水中		
	TC 质量浓度 /（mg·L⁻¹）	TOC 质量浓度 /（mg·L⁻¹）	IC 质量浓度 /（mg·L⁻¹）
350	（11.51±1.52）A	（6.22±1.26）A	（5.29±0.98）a
700	（12.27±2.12）B	（7.08±2.06）B	（5.18±1.47）b

注：① 各个指标的数据表示为（平均值±标准差）；

② 相同列内的小写字母的不同代表差异处理在0.05水平上差异显著，相同列内的大写字母的不同代表差异处理在0.01水平上差异显著。

（4）对桐花树湿地模拟系统土壤 C 含量的影响

大气 CO_2 摩尔分数倍增对桐花树湿地系统土壤中的 TC、TOC 和 IC 质量浓度产生了显著的影响。120d 的培养期内，在 CO_2 摩尔分数为 700μmol/mol 和 350μmol/mol 的条件下，土壤 TC、TOC 质量浓度都呈降低趋势；除在第 45d 时，低摩尔分数 CO_2 处理的土壤中 TC 质量浓度高于高摩尔分数 CO_2 处理的土壤，整个试验周期里高浓度 CO_2 处理的土壤中 TC 质量浓度都略高于低摩尔分数 CO_2 处理的土壤，平均

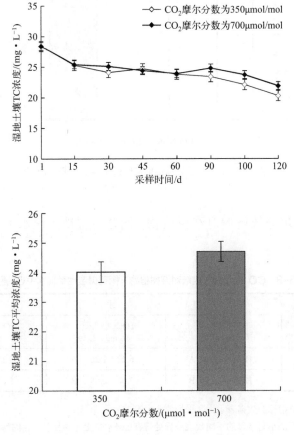

图5-11 CO_2摩尔分数倍增对桐花树湿地土壤中TC的影响

高出 2.87%（图 5-11）；CO$_2$ 摩尔分数倍增对土壤中的 TOC 质量浓度产生了影响，高摩尔分数 CO$_2$ 处理的土壤中 TOC 质量浓度平均值比低摩尔分数 CO$_2$ 处理的土壤高出 3.90%（图 5-12），差异显著。除去第120d 时高摩尔分数 CO$_2$ 处理的土壤中 TOC 质量浓度低于低摩尔分数 CO$_2$ 处理的土壤，其他时段均高于低摩尔分数 CO$_2$ 处理的土壤，说明土壤 TOC 对高摩尔分数 CO$_2$ 的响应相对更好；无论是高摩尔分数 CO$_2$ 还是低摩尔分数 CO$_2$ 处理的土壤，IC 质量浓度均表现为先下降又升高

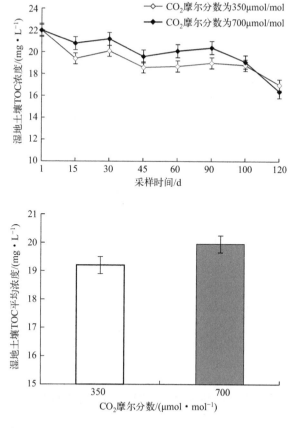

图5-12　CO$_2$摩尔分数倍增对桐花树湿地土壤中TOC的影响

的趋势，与 TC 和 TOC 不同，在高摩尔分数 CO_2 作用下，红树林植物桐花树模拟系统的土壤 IC 质量浓度平均值低于低摩尔分数 CO_2 处理的值，平均降低 1.24%（图 5-13），差异显著。在第 100d 之后，高摩尔分数 CO_2 处理的土壤中 IC 值高于低摩尔分数 CO_2 处理的土壤，说明土壤 IC 质量浓度对高摩尔分数 CO_2 的响应比较滞后。基于上述结果得出结论，典型红树林植物桐花树湿地系统中 CO_2 摩尔分数倍增使土壤中的 TC 和 TOC 质量浓度增加，IC 质量浓度降低。

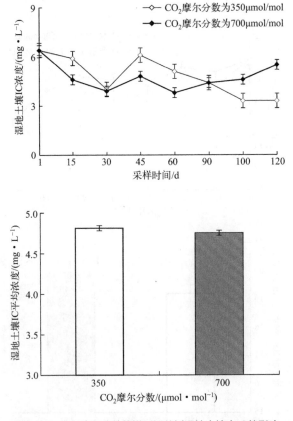

图5-13 CO_2摩尔分数倍增对桐花树湿地土壤中IC的影响

CO_2摩尔分数倍增对红树植物 - 桐花树湿地系统土壤中 C 的影响见表 5-4。

表5-4　CO_2摩尔分数倍增对红树植物–桐花树湿地系统土壤中C的影响

CO_2摩尔分数 / ($\mu mol \cdot mol^{-1}$)	土壤中		
	土壤中 TC 质量浓度数 / ($mg \cdot L^{-1}$)	TOC 质量浓度 / ($mg \cdot L^{-1}$)	土壤中 IC 质量浓度 / ($mg \cdot L^{-1}$)
350	（24.01±4.22）A	（19.20±2.28）a	（4.81±1.32）a
700	（24.70±3.78）A	（19.95±1.46）b	（4.75±1.13）b

注：① 各个指标的数据表示为（平均值±标准差）；
② 相同列内的小写字母的不同代表差异处理在0.05水平上差异显著，相同列内的大写字母的不同代表差异处理在0.01水平上差异显著。

通过试验数据可知，随着 CO_2 摩尔分数的上升，溶解在未栽培植物水中 TC、TN 的质量浓度没有显著的升高，CO_2 溶解在水中产生的 HCO_3^- 没有因为上覆水接触面而发生显著改变。因此，可以认为，系统中的各种 C 组分的变化是由植物系统所产生的。

秋茄、桐花树湿地系统水体中 C 含量并未因 CO_2 摩尔分数的急剧上升而出现快速改变，在 CO_2 摩尔分数倍增情景下，大量有机 C 溶解进入水体，但也由此而导致水体中 IC 被大量消耗，极大地降低了水体中 IC 的含量。同时，由于水中吸收了大量 DOC，由此而促使水中 TC 含量快速增加。就模拟系统的土壤而言，在整个 120d 的培养过程中，土壤中 TOC 质量浓度受 CO_2 摩尔分数影响明显，而不论 CO_2 摩尔分数高低，土壤中 TC 的质量浓度都呈现为上升趋势。其主要原因为湿地长时间处于淹水状态，具有较高生产力的湿地植物分解率较低，因此，湿地土壤储存的 TOC 较多。

总而言之，在短期试验内，秋茄、桐花树湿地系统中土壤及水体中 TC 浓度随 CO_2 摩尔分数倍增而明显上升，且土壤中 C 积累过程明显，整个系统由此而被作为 C 累积的"库"。CO_2 摩尔分数升高对秋茄、桐花树系统中水和土壤中的 IC 浓度的作用是反向的，CO_2 摩尔分数倍增后，水和土壤中 IC 浓度显著低于低摩尔分数 CO_2 的试验处理。可见，高摩尔分数 CO_2 处理的条件下，IC 的生物利用率较高，无机 C 盐利用率的提高得益于浮游植物和微生物对其的利用，由于 IC 是浮游植物和微生物最先摄取的可利用 C 源，因此，随着输入到土壤中有机物质的增加，微生物量和活性都有所提高，呼吸作用消耗的 IC 就更多，所以，CO_2 摩尔分数倍增使系统内 IC 降低的根本原因是系统内部能够利用 IC 的微生物和浮游生物数量的增加。

5.2.3 CO_2 摩尔分数倍增对秋茄、桐花树模拟湿地系统内 N 含量的影响

（1）对秋茄湿地模拟系统内水中 N 含量的影响

大气 CO_2 摩尔分数倍增对秋茄湿地系统内 $NO_3^- - N$ 的含量变化产生了显著的影响，在 CO_2 摩尔分数为 700μmol/mol 的条件下，秋茄模拟系统的水中 $NO_3^- - N$ 质量浓度显著高于低摩尔分数 CO_2 条件下水中 $NO_3^- - N$ 的质量浓度，平均高出 9.7%（图 5-14），差异显著；在 120d 培养期内，无论是高摩尔分数 CO_2 还是低摩尔分数 CO_2 处理的水中 $NO_3^- - N$ 质量浓度都表现为上升的趋势，CO_2 摩尔分数为 700μmol/mol 的条件下，水中 $NO_3^- - N$ 质量浓度从 0.2mg/L 左右上升到 2mg/L 左右，CO_2 摩尔分数为 350μmol/mol 的条件下，水中 $NO_3^- - N$ 质量浓度从 0.2mg/L 左右上升到 2.2mg/L 左右，后又降为 1.1mg/L。总体上，CO_2 摩尔分数倍增使秋茄湿地系统水体中 $NO_3^- - N$ 质量浓度增高，系统中的硝化作用显著增强。

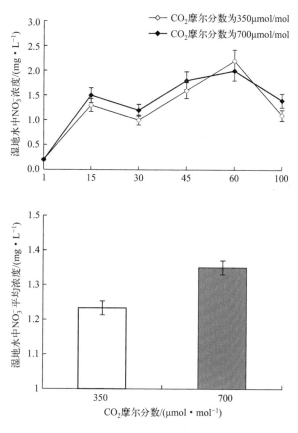

图5-14　CO_2摩尔分数倍增对秋茄湿地水中$NO_3^- $-N的影响

CO_2摩尔分数倍增对红树植物 - 秋茄湿地系统中N的影响见表5-5。

表5-5　CO_2摩尔分数倍增对红树植物－秋茄湿地系统中N的影响

CO_2摩尔分数 / ($\mu mol \cdot mol^{-1}$)	水中			土壤中
	NH_4^+-N质量浓度 / ($mg \cdot L^{-1}$)	NO_3^--N质量浓度 / ($mg \cdot L^{-1}$)	TN 质量浓度 / ($mg \cdot L^{-1}$)	TN 质量浓度 / ($mg \cdot L^{-1}$)
350	（0.57±0.53）a	（1.23±0.66）a	（2.01±0.61）c	（2.65±0.69）ab
700	（0.69±0.66）b	（1.35±0.63）b	（2.31±0.68）c	（2.44±0.61）a

注：① 各个指标的数据表示为（平均值±标准差）；
② 相同列内的小写字母的不同代表差异处理在0.05水平上差异显著，相同列内的大写字母的不同代表差异处理在0.01水平上差异显著。

由图 5-15 可知，大气 CO_2 摩尔分数倍增对秋茄湿地系统内 NH_4^+-N 产生了显著的影响，在 CO_2 摩尔分数为 700μmol/mol 的条件下，秋茄模拟系统的水中 NH_4^+-N 质量浓度显著高于 CO_2 摩尔分数为 350μmol/mol 处理的水，平均高出 21%；在培养期的开始阶段，NH_4^+-N 开始持续性上升，培养时间达到 45d 后，其质量浓度逐渐下降，在培养期的末期，NH_4^+-N 在水体中的质量浓度已经变得很低。可见，在典型红树林植物秋茄湿地系统中 CO_2 摩尔分数倍增使得水体中 NH_4^+-N 质量浓度降低，硝化作用在系统中占主导地位。

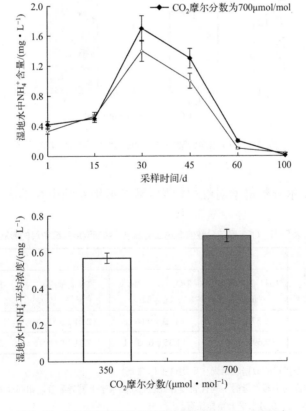

图5-15　CO_2摩尔分数倍增对秋茄湿地水中NH_4^+-N的影响

由图 5-16 可知，大气 CO_2 摩尔分数倍增对秋茄湿地系统内水中的 TN 质量浓度产生了显著的影响，CO_2 摩尔分数为 700μmol/mol CO_2 的条件下，水中 TN 质量浓度极显著高于 CO_2 摩尔分数为 350μmol/mol 处理的，平均高出 13.1%，差异显著；在 120d 培养期内，高摩尔分数 CO_2 和低摩尔分数 CO_2 处理的水中 TN 浓度都表现为逐渐上升的趋势，高摩尔分数 CO_2 使水中 TN 质量浓度从最初原水中的 0.65mg/L 左右上升到 2.7mg/L 左右，当前摩尔分数的 CO_2 处理水中 TN 的质量浓度由 0.65mg/L 左右上升到 2.4mg/L 左右。可见，在典型红树植物秋茄湿地系统中，CO_2 摩尔分数倍增使水体中 TN 的质量浓度增高。

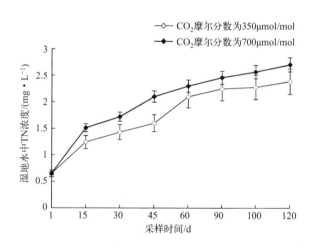

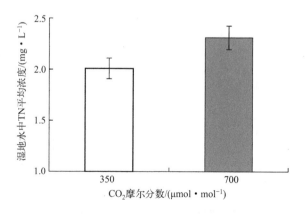

图5-16 CO₂摩尔分数倍增对秋茄湿地水中TN的影响

（2）对秋茄湿地模拟系统土壤中 N 含量的影响

由图 5-17 可知，大气 CO_2 摩尔分数倍增后，秋茄湿地系统土壤的 TN 质量浓度显著低于低浓度 CO_2 处理的土壤的 TN 质量浓度，低摩尔分数 CO_2 处理的土壤 TN 质量浓度平均高出高浓度 CO_2 处理的 **8.8%**，差异显著；同时，在 120d 培养期内，无论是用高摩尔分数 CO_2 对土壤进行处理，还是用低摩尔分数 CO_2 对土壤进行处理，都会导致土壤中 TN 的质量浓度上升。可见，CO_2 摩尔分数倍增能够增强系统中土壤矿化强度，加速对土壤中 TN 的消耗。

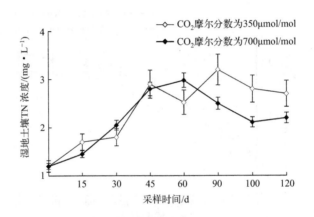

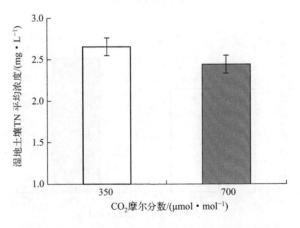

图5-17　CO_2摩尔分数倍增对秋茄湿地土壤中TN的影响

（3）对桐花树湿地模拟系统内水中 N 含量的影响

大气 CO_2 摩尔分数倍增对桐花树湿地系统内 $NO_3^- $ - N 产生了显著的影响，在 $700\mu mol/mol$ CO_2 作用下，桐花树模拟系统水中 NO_3^- - N 的质量浓度高于 $350\mu mol/mol$ CO_2 处理的水中 NO_3^- - N 的质量浓度，平均高出 18.94%（图 5-18）；在 120d 培养期内，无论是高摩尔分数 CO_2 还是低摩尔分数 CO_2 处理的水中，NO_3^- - N 质量浓度总体呈先上升后下降的

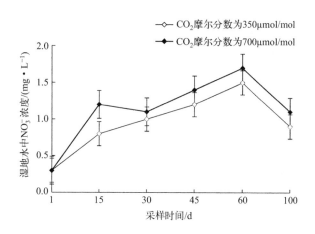

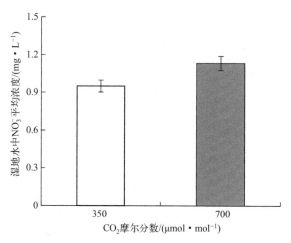

图5-18　CO₂摩尔分数倍增对桐花树湿地水中NO₃的影响

趋势，高摩尔分数 CO_2 处理的水中$NO_3^- - N$的质量浓度从最初原水中的 0.3mg/L 左右上升到 1.7mg/L 的峰值后降低至 1.1mg/L，而低摩尔分数 CO_2 处理水中$NO_3^- - N$的质量浓度从最初原水中的 0.3mg/L 左右上升到 1.5mg/L 左右，后又降为 0.9mg/L 左右。可见，在典型红树林植物桐花树湿地系统中，CO_2 摩尔分数倍增使水体中$NO_3^- - N$质量浓度增高，差异显著，系统中的硝化作用显著增强（表 5-6）。

表5-6 CO_2摩尔分数倍增对红树植物－桐花树湿地系统中N的影响

CO_2 摩尔分数 / ($\mu mol \cdot mol^{-1}$)	水中			土壤中
	$NH_4^+ - N$质量浓度 / ($mg \cdot L^{-1}$)	$NO_3^- - N$质量浓度 / ($mg \cdot L^{-1}$)	TN 质量浓度 / ($mg \cdot L^{-1}$)	TN 质量浓度 / ($mg \cdot L^{-1}$)
350	（0.51±0.08）a	（0.95±0.16）a	（2.04±0.28）c	（2.28±0.74）ab
700	（0.58±0.12）b	（1.13±0.37）b	（2.31±0.55）c	（2.03±0.29）a

注：① 各个指标的数据表示为（平均值±标准差）；
② 相同列内的小写字母的不同代表差异处理在0.05水平上差异显著，相同列内的大写字母的不同代表差异处理在0.01水平上差异显著。

由图 5-19 可知，大气 CO_2 摩尔分数倍增对桐花树湿地系统内$NH_4^+ - N$的质量浓度产生了显著的影响，除去第 15d 和第 120d，700$\mu mol/mol$ CO_2 作用下的桐花树模拟系统水中$NH_4^+ - N$质量浓度均高于 350$\mu mol/mol$ CO_2 作用的水中$NH_4^+ - N$的质量浓度，平均高出 13.72%；在培养期初期（1～30d），$NH_4^+ - N$质量浓度呈明显的上升趋势，在培养时间达到 30d 以后，其浓度开始呈现下降趋势，到了培养末期之后，$NH_4^+ - N$在水中的质量浓度已经变得很低。可见，在典型红树林植物桐花树湿地系统中 CO_2 摩尔分数倍增使得水体中$NH_4^+ - N$质量浓度降低，硝化作用在系统中占主导地位。

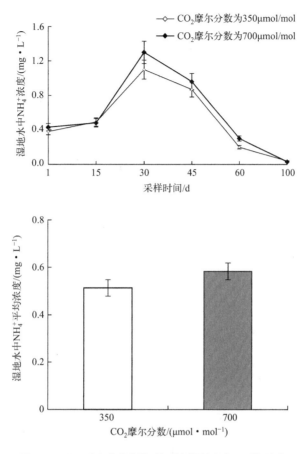

图5-19　CO_2摩尔分数倍增对桐花树湿地水中NH_4^+的影响

由图 5-20 可知，大气 CO_2 摩尔分数倍增对桐花树湿地系统内水中的 TN 质量浓度产生了显著的影响，在高摩尔分数 CO_2 作用下，水中 TN 质量浓度均高于低摩尔分数 CO_2 处理水中的 TN 质量浓度，平均高出 11.71%，差异显著；在 120d 培养期内，高浓度 CO_2 和低摩尔分数 CO_2 处理的水中，TN 质量浓度都表现为逐渐上升的趋势，高摩尔分数 CO_2 使水中 TN 质量浓度从最初原水中的 0.82mg/L 左右上升到 2.5mg/L 左右，低摩尔分数的 CO_2 处理使最初原水中的 TN 质量浓度由

0.82mg/L 左右上升到 2.22mg/L 左右。可见，在典型红树植物桐花树湿地系统中 CO_2 摩尔分数倍增使水体中 TN 质量浓度增高。

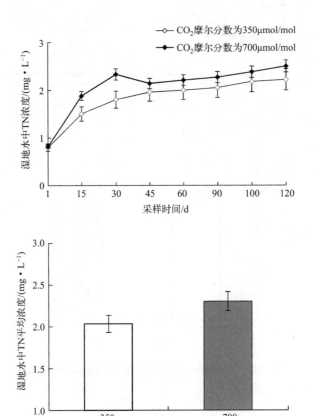

图5-20 CO_2摩尔分数倍增对桐花树湿地水中TN的影响

（4）对桐花树湿地模拟系统土壤 N 的影响

图 5-21 所示为不同 CO_2 摩尔分数下桐花树湿地模拟系统土壤中 TN 质量浓度变化状况，结果表明：在大气 CO_2 摩尔分数倍增后，桐花树湿地系统土壤 TN 质量浓度显著低于 350μmol/mol CO_2 处理的土壤

中 TN 的质量浓度，低摩尔分数 CO_2 处理的土壤中 TN 的质量浓度平均高出高摩尔分数 CO_2 处理的 12.30%，差异显著；在时间尺度上，随着时间的增加以及在 CO_2 摩尔分数倍增的环境下，土壤中 TN 的质量浓度都会呈上升趋势。

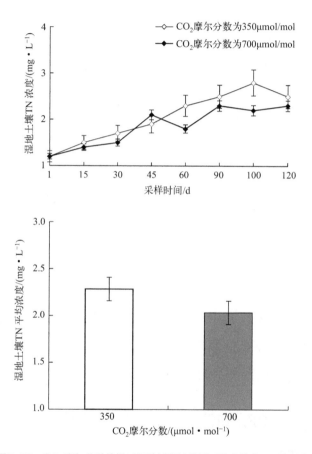

图5-21　CO₂摩尔分数倍增对桐花树湿地模拟系统土壤中TN的影响

在秋茄、桐花树湿地模拟系统的土壤中，TN 质量浓度呈下降趋势，随着 CO_2 摩尔分数的上升，土壤中的 TN 被快速消耗，即土壤中 TN 的矿化强度随 CO_2 摩尔分数的上升而增强。其主要原因是由于植物生物量增多使得光合作用增强，同时也加速了秋茄、桐花树叶片的泌氧，加快了 NH_4^+ - N 的硝化，使水中硝化菌起到主要作用，水中 NO_3^- - N 浓度增高，硝化作用增强。可见，一方面，植物根系生物量的增加导致更多的有效态 N 的吸收，植物加强了对矿质 N 的吸收利用；另一方面，土壤微生物数量或活性的提高导致了更多的 N 损失，如氨挥发和反硝化作用等。

但是也有一些研究指出，在 CO_2 浓度升高后土壤有效 N 没有明显变化。Hun-gate 等发现，CO_2 浓度升高后进入土壤的可溶态 C 增加，进而促进土壤微生物对土壤有效 N 的异养固定，从而减少了土壤硝化过程的底物，最终导致土壤 NO_3^- - N 浓度降低。有的研究也表明，CO_2 浓度升高后，土壤硝化酶活性降低，从而导致土壤 NO_3^- - N 浓度下降。CO_2 浓度升高，改变了植物对土壤 NO_3^- - N 和 NH_4^+ - N 的吸收量。Bassirirad 等的研究表明，CO_2 浓度升高后美国黄松幼苗根系对 NH_4^+ - N 的吸收有所下降，而对 NO_3^- - N 的吸收则显著增加。在他们的另外一个试验中发现，CO_2 浓度升高使牧草对 NO_3^- - N 的吸收速率提高了 1 倍多。这也可能是解释本研究中，CO_2 浓度升高后土壤 TN 的质量浓度比正常 CO_2 浓度条件下低的原因，土壤中 TN 的快速矿化加快了对系统中 N 素的消耗，导致系统中 TN 质量的减少。

5.2.4 CO_2 摩尔分数倍增对红树林模拟湿地系统 C、N 收支的影响

湿地 C 的生物累积对湿地 C 的累积具有决定性影响，是 C 的生物地球化学循环的重要环节。当 CO_2 摩尔分数过高时，红树林湿地系统便会受到破坏，尤其是该系统中的水生植物会受到更为严重的干扰，这些影响因素属于非自然因素，在此种因素的影响下，该系统原

有的生态体系被破坏，C以及N等物质的循环规律被改变。随着CO_2摩尔分数的不断提升，植物根部C的储量开始提升，当植物根系死亡后，其还能继续在缺氧的条件下在湿地系统中完成对C的积累；同时，还会促进水中或者水面部分植物的生长，促进其对更多的活性C以及N等物质的分泌，微生物便能够及时地获取营养。所以，要想探究出CO_2摩尔分数究竟能够为C以及N的积累带来何种影响，就必须先对系统中C总量TC以及N总量TN的变化规律进行研究。

TC（水+土壤）、TN（水+土壤）的计算方法见5.1.2。

（1）对秋茄湿地模拟系统中TC和TN的影响

由表5-7及图5-22可知，120d的培养期内，CO_2摩尔分数倍增的环境下，红树植物秋茄湿地模拟系统中的TC（水+土壤）的质量浓度增加幅度为2.8%。系统中的TN（水+土壤）的含量开始明显下降，下降幅度达到7.9%，差异显著。

表5-7　CO_2摩尔分数倍增对红树植物-秋茄湿地系统中TC、TN质量的影响

CO_2摩尔分数 / $(\mu mol \cdot mol^{-1})$	TC（水+土壤）/ g	TN（水+土壤）/ g
350	（4252.4±3.16）ab	（532.8±0.71）a
700	（4373.2±2.89）a	（490.4±0.74）b

注：① 各指标数据表示为（平均值±标准差）；
② 相同列内的小写字母的不同代表差异处理在0.05水平上差异显著，相同列内的大写字母的不同代表差异处理在0.01水平上差异显著。

（2）对桐花树湿地模拟系统中TC和TN的影响

由表5-8及图5-23可知，120d的培养期内，CO_2摩尔分数倍增的环境下，红树植物桐花树湿地模拟系统中TC（水+土壤）的质量浓度增加幅度达到2.9%。系统中TN（水+土壤）的质量浓度开始明显下降，下降幅度达到10.9%，差异显著。

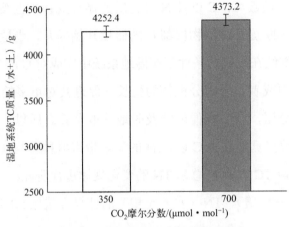

a. CO_2摩尔分数倍增对秋茄湿地系统TC的影响

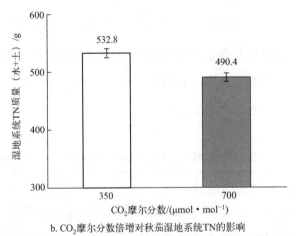

b. CO_2摩尔分数倍增对秋茄湿地系统TN的影响

图5-22 CO_2摩尔分数倍增对秋茄湿地系统TC、TN的影响

表5-8 CO_2摩尔分数倍增对红树植物-桐花树湿地系统中TC、TN质量的影响

CO_2摩尔分数 / (μmol·mol⁻¹)	TC（水＋土壤）/ g	TN（水＋土壤）/ g
350	（4813.51±38.47）b	（458.04±12.11）a
700	（4952.27±46.19）a	（408.31±9.76）b

注：① 各指标数据表示为（平均值±标准差）；

② 相同列内的小写字母的不同代表差异处理在0.05水平上差异显著，相同列内的大写字母的不同代表差异处理在0.01水平上差异显著。

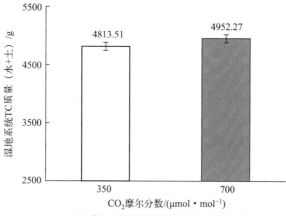

a. CO_2摩尔分数倍增对桐花树湿地系统TC的影响

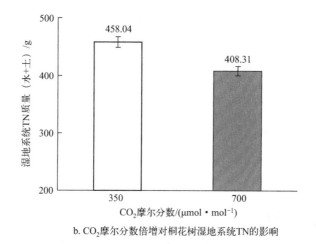

b. CO_2摩尔分数倍增对桐花树湿地系统TN的影响

图5-23　CO_2摩尔分数倍增对桐花树湿地系统TC、TN的影响

　　与低摩尔分数 CO_2 处理比较，高摩尔分数 CO_2 处理的秋茄、桐花树红树林湿地模拟系统中的 TC 质量浓度有所增加。随着 CO_2 摩尔分数的升高，植物中的生物量也得到明显增多，由此极大地提升了湿地系统土壤 TOC，实现了更多有机 C 的积累。根据本文研究数据显示，不断上升的 CO_2 摩尔分数导致湿地系统中秋茄生物量明显增加，丰富

的 C 素为湿地微生物补充 C 源，进一步增强了湿地微生物的活性，故认为湿地微生物就能够更有效地分解有机 N，加快土壤 N 素的矿化，使土壤 TN 含量下降的同时向水体中释放大量的无机 N，使水中的 TN 质量浓度增加，总的表现为土壤中 TN 质量浓度有所下降。

5.2.5 CO_2 摩尔分数倍增对湿地土壤微生物的影响

（1）CO_2 摩尔分数倍增对湿地土壤微生物种群的影响

根据对不同微生物内磷脂脂肪酸（PLFAs）特征的研究，利用 PLFAs 的差异将微生物种群主要分为两种，一种是含有多种甲基或者不饱和脂肪酸的脂肪酸甲酯，这种微生物种群主要是革兰阳性菌，另一种是以环丙烷脂肪酸为主的革兰阴性菌。

由表 5-9 可知，在本研究中，表征革兰阳性菌或硝化细菌的磷脂脂肪酸主要是 iC14：0、C16：0、C17：0、C20：0，其中表征产甲烷菌的 PLFAs 是 C16：0；表征革兰阴性菌或真核细胞的磷脂脂肪酸主要是 cyc17：0（硫酸盐还原菌）、10meC16：0（放线性菌）、C16：1ω5c、C 7c 和 C18：1ω9t。此外，C18：3ω3c 和 C18：2ω6c 是真菌的特征 PLFAs，C20：4ω6c 是原生动物的特征 PLFAs。

在 700μmol/mol CO_2 的作用下，模拟湿地土壤的 C17：0 显著升高，由于 C17：0 是表征硝化细菌硝化强度的革兰阳性菌的主要特征 PLFA，因此说明土壤的微生物种群硝化活性有所增强；同时，表征反硝化能力的 PLFAs 中的 C16：1ω5c 和 cycC17：0 在高摩尔分数 CO_2 的作用下显著升高，说明土壤微生物种群反硝化作用也有所增强；可见，CO_2 摩尔分数的倍增促进了湿地土壤微生物活性的提高，能够加快 C、N 等微生物养分底物的循环过程。

表5-9　CO_2摩尔分数倍增对湿地土壤微生物种群的影响

生物标记	CO₂摩尔分数	
	700μmol/mol	350μmol/mol
	nmol/g	nmol/g
G^+细菌		
isoC14：0	（1.23±0.14）a	（1.37±0.13）a
isoC15：0	（4.62±0.31）a	（2.67±0.33）a
C16：0	（14.99±0.05）ab	（10.35±0.05）b
C17：0	（6.12±0.04）b	（0.77±0.12）b
C20：0	（0.51±0.08）b	（0.23±0.14）ab
G^-细菌		
10meC16：0	（0.58±0.23）b	（1.83±0.04）a
C16：1ω5c	（9.02±0.10）b	（3.98±0.09）a
C16：1ω7c	（0.79±0.16）b	（0.98±0.02）ab
cycC17：0	（3.24±0.01）a	（0.68±0.02）bc
C18：1ω9t	（8.16±0.02）b	（7.04±0.02）c
真菌		
C18：2ω6c	（2.74±0.04）ab	（1.42±0.37）ab
C18：3ω3c	（0.50±0.50）b	（1.03±0.08）b
原生动物		
C20：4ω6c	（0.12±0.20）a	（0.06±0.37）ab

注：① 各指标数据表示为（平均值±标准差）；

② 相同列内的小写字母的不同代表差异处理在0.05水平上差异显著，相同列内的大写字母的不同代表差异处理在0.01水平上差异显著。

（2）CO_2摩尔分数倍增对湿地土壤微生物量的影响

土壤中总 PLFAs 能较好地反映微生物总量的水平，图 5-24 描述了高摩尔分数和低摩尔分数 CO_2 的处理条件下微生物量的变化，其中以 350μmol/mol CO_2 处理的湿地土壤中的各 PLFAs 为参考值，利用微生物量相对增减的量讨论 CO_2 摩尔分数不同对土壤 PLFAs 造成的差异。可知，CO_2 摩尔分数倍增后，模拟湿地土壤中微生物总量显著高于当前大气摩尔分数 CO_2 处理的微生物总量，高摩尔分数 CO_2 处理后土

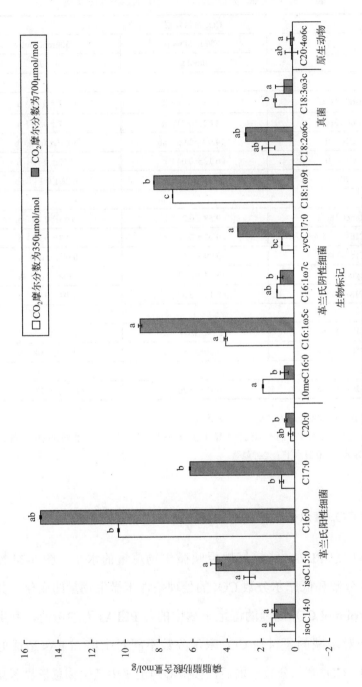

图5-24 CO₂摩尔分数倍增对模拟湿地系统土壤微生物量的影响

壤中的微生物量为 52.62nmol/g，低摩尔分数 CO_2 处理后土壤中的微生物量为 32.41nmol/g，CO_2 摩尔分数倍增后，湿地土壤微生物量升高了 38.4%。其中，革兰阳性菌微生物量增加了 44%，革兰阴性菌微生物量增加了 33.4%，真菌微生物总量增加了 30.9%。可见，CO_2 摩尔分数倍增后，湿地土壤的微生物量显著升高，湿地中微生物的活性增强。

PLFAs 是所有活细胞中重要的细胞膜组分，微生物的 PLFAs 种类结构多样，通过质谱分析指纹技术，能识别不同类群的微生物通过不同的生化代谢途径形成的具有其生物特异性的 PLFA 的组成，并用来表征特定微生物类群。本研究在高摩尔分数 CO_2 环境下，因湿地植物生物量以及根系分泌氧、分泌物、地下 C 素以及细根周转分配量均因 CO_2 摩尔分数的上升而增加，进而影响真菌、细菌的数量。试验数据表明，土壤微生物的 PLFAs C17：0 显著增高，由于 C17：0 是表征硝化细菌硝化强度的革兰阳性菌的主要特征 PLFA，因此可以说明土壤的微生物种群硝化活性有所增强；同时，C16：1ω5 和 cycC17：0 的含量在高摩尔分数 CO_2 的作用下显著的升高，说明土壤微生物种群反硝化作用也有所增强。

植物光合作用产生的氧气可以通过秋茄的根系向水体中大量地传导和释放，通过秋茄茎叶释放在水中。水体氧气量的增加则会加强水中 NH_4^+ - N 的硝化作用，并在夜间处于厌氧状态时为反硝化作用提供更多的反应"材料"。同时，土壤微生物的活性还受到植物铁载体、化感物、有机酸、根系酶等涉及共生关系信号物质输入情况的影响，其养分循环速度及生物活性均随着上述物质输入的增加而不断提升。还有利于进一步增强植物吸收和同化 C 的强度，由此而导致根系黏液、分泌物、释放细胞以及其他与根系有关的化合物的增加。土壤中微生物的 C 源主要来自于根系的沉积物和分泌物，土壤中微生物所利用的C、N 源可能随着根系沉积物和分泌物的增加而发生变化。不断上升的

CO_2 摩尔分数直接影响到根际微生物群落的结构和组成，加快了真菌的生长速度，C 的流通随 CO_2 摩尔分数的上升而加快，由此而提高了与 C 利用率相关的细菌代谢活性。然而，受土壤环境差异的影响，不同的微生物类群受 CO_2 摩尔分数变化的影响不同，由此而出现 CO_2 摩尔分数倍增未明显影响到土壤放线菌数量的情形。相关研究表明，以细菌、真菌和放线菌数量为因变量，采用逐步回归方法分析湿地活性有机 C 增加的同时，土壤中细菌和真菌的数量也随之增加，这与高摩尔分数 CO_2 条件下湿地植物生物量、根系分泌物和地下 C 分配量增加有关。这与本研究试验数据结果一致，植物根系在生长发育过程中可以向土壤中释放一些化学物质，如根系酶、有机酸、化感物质及调节共生关系的信号物质等。这些物质可以为土壤微生物提供更多的有效能量，提高微生物活力，从而加快湿地生态系统养分循环过程。总的来说，土壤细菌数量远大于真菌数量，说明土壤细菌是有机物分解过程中主要的微生物类群。

微生物 - 营养物质 - 植物间的紧密联系是红树林生态系统中营养物质保存和循环的主要机制之一。具有高生产力和丰富多样性的红树林土壤微生物，不断地将红树林凋落物转化成可被植物利用的 N、P 或其他营养物质。植物根系分泌物又为该系统中微生物和其他大型生物提供营养，使得根基微生物的多样性更加丰富。

5.3 本章小结

CO_2 摩尔分数倍增未引起无栽培植物的对照培养池水中 TC、TN 质量浓度发生变化。在短期内，CO_2 摩尔分数倍增不能通过溶解这个物理过程改变水中溶解 C 的浓度。因此，可以认为水中 TC、TN 变化是植物系统的影响所产生的差异。

　　CO_2摩尔分数倍增的环境条件下，秋茄、桐花树模拟湿地系统中土壤及水体中 C 浓度受 CO_2 摩尔分数变化影响较小，但系统中 TC 质量浓度却随 CO_2 摩尔分数倍增而明显上升，且土壤中 C 积累过程明显，整个系统由此而被作为 C 累积的"库"。高摩尔分数 CO_2 对秋茄、桐花树系统中水和土壤中的 IC 的作用则是反向的，CO_2 摩尔分数倍增后，水和土壤中 IC 浓度显著低于当前大气环境 CO_2 摩尔分数的试验处理结果。水体中 $NO_3^- \text{-} N$（硝态氮）质量浓度增高，$NH_4^+ \text{-} N$（氨态氮）质量浓度后期降低明显，差异显著（$P < 0.05$），培养后期硝化作用在系统中占主导地位，水体中 TN 质量浓度总体增高。而在系统的土壤中，TN 质量浓度都呈下降趋势，随着大气 CO_2 摩尔分数的上升，土壤中的 TN 被快速消耗，土壤的矿化度增强。

　　在秋茄、桐花树湿地模拟系统的土壤中，不论 CO_2 摩尔分数的高低，土壤中 TN 质量浓度都呈下降趋势，随着 CO_2 摩尔分数的攀升，土壤中的 TN 被快速消耗，即土壤中 TN 的矿化强度随 CO_2 摩尔分数的上升而增强。

　　在模拟湿地系统（水、土壤）C、N 收支方面，与低摩尔分数 CO_2 处理比较，高摩尔分数 CO_2 处理的秋茄、桐花树红树林湿地模拟系统中，植物中的生物量也得到明显提升，由此极大地提升了湿地系统土壤的 TOC，实现了更多有机 C 的积累，TC 质量有所增加。系统中的 TN 转化率和 N 素矿化率都得到快速提升，且随着 N 素进入水体，土壤中 N 素含量明显呈下降趋势，TN 的质量浓度有所减小。

　　CO_2 摩尔分数倍增后，湿地土壤微生物量升高了 **38.4%**。其中，革兰阳性菌微生物量增加了 **44%**，革兰阴性菌微生物量增加了 **33.4%**，真菌微生物总量增加了 **30.9%**。湿地土壤的微生物量显著升高，湿地中微生物的活性增强。

第六章

CO$_2$ 摩尔分数倍增对
红树林植物 C、N
储量的影响

湿地被誉为"地球之肾"，是最为宝贵的稀缺资源之一。湿地是由湿生、中生和水生的植物、动物及微生物等生物因子以及与其紧密相关的阳光、水和土壤等非生物环境通过物质循环和能量流动共同构成的特殊生态系统。我国拥有丰富的湿地资源，湿地生态系统的良性循环有利于环境与生态的可持续发展。已有研究表明，湿地生态系统具有强大的C储功能，其C储量占全球陆地C储量的12%～24%，对全球及区域C循环具有重要影响。近年来，随着对海洋"蓝碳"研究的日益深入，以红树林生态系统为代表的滨海湿地生态系统C汇功能得到了人们的广泛关注，针对红树林生态系统C、N储量及C汇能力的研究热度不断提高。红树林、海草床和盐沼是海洋蓝色C汇的主力军，每年捕获并储存235～450Tg（10^{12}g）C，全球红树林湿地每年C汇达到0.18 Pg C（植被层0.16 Pg C、沉积物层0.02 Pg C），热带地区以其独特的地理环境与优渥的气候条件使其地域内红树林生物量值相对更大、C汇潜力更高，研究表明，印度洋红树林生态系统C储量为1023 mg/hm²，全球红树林生态系统每年固C量约为（218±72）Tg；国内也有相关研究，但是多数集中在红树林土壤固C方面。

本章在之前对CO_2摩尔分数倍增情景下红树植物秋茄、桐花树湿地系统的植物性状、生物量、C/N含量的变化进行研究的基础上，对以下几个方面展开研究：

① C、N含量的变化与植物性状及生物量响应之间的相关性；

② 构建在不同CO_2摩尔分数倍增情景下植物C、N的储量方程；

③ 结合实地红树林秋茄和桐花树群落植被的调查数据，对实地的

秋茄和桐花树在 CO_2 摩尔分数倍增情景下的 C 储量进行预测。

6.1 试验方法

6.1.1 试验设计

（1）C、N 含量变化与植物生态响应之间的相关性

对第三章、第四章研究结果进行数据分析，从 C、N 含量变化与植物性状变化的相关性分析和 C、N 含量变化与植株苗木品质指数变化的回归分析方面，对 CO_2 摩尔分数倍增背景下，植物性状的变化与C、N 含量之间的变化及其规律进行研究。

（2）室内模拟试验 C、N 储量

本试验中的湿地模拟系统培养周期为四个月（120d），短期试验的土壤中 C、N 转化速率较慢，试验结果表明 CO_2 摩尔分数倍增对底泥中 TOC、TN 的影响较小，且差异不显著。因此本研究仅考虑 CO_2 摩尔分数倍增情景下植物中的 C、N 储量的变化，而忽略底泥部分的 C、N 储量，计算方法见 2.6.4。并构建不同 CO_2 摩尔分数下植物的 C、N 储量方程。

（3）CO_2 摩尔分数倍增情景下秋茄、桐花树实地 C 储量预测

实地植被的 C 储量由实地植物群落样方调查，结合《海南岛湿地资源现状调查报告》中 Quickbird 遥感图像解译，根据植物实际的生长状况，得到东寨港主要红树植物种类分布面积。并通过计算实地植物、土壤、凋落物 C 储量得到实地总 C 储量，测试及计算方法见 2.6.4。由于在实地模拟 CO_2 摩尔分数倍增难度较大，因此通过将实地调查、测

算数据代入构建的 C 储量方程对实地秋茄和桐花树在 CO_2 摩尔分数倍增情景下的 C 储量进行预测。

6.1.2　数据处理

（1）维度之间的相关性分析

相关分析是描述两个变量间关系的密切程度，主要由相关系数值表示，双变量系数测量的主要指标有卡方类测量、Spearman 相关系数、pearson 相关系数等，由于指标的数据为定距数据，因此在进行两者间的相关性检验时用 pearson 相关系数来判断。

（2）C、N 储量试验数据的表现形式

以平均值 ± 标准差（S.D）为准，平行样本间标准差由误差线表示。运用 SAS 9.1 软件对数据进行方差分析。公式如式（6-1）。

$$SSe = \sum_{i=1}^{n}\left(y_i - \breve{y}_i\right) \tag{6-1}$$

SSe 对应的是残差平方和，对因变量与其预测值之间的偏差值进行表征，数值越大，意味着拟合的效果越差。公式如式（6-2）。

$$R^2 = \frac{SSr}{SSt} \tag{6-2}$$

R^2 是决定系数，代表了中平方和中回归平方和的占比，其拟合效果随数值的增大而提升。公式如式（6-3）。

$$MSe = \frac{SSe}{dfe} \tag{6-3}$$

MSe 表示均方差，是通过误差平方和与其对应自由度相除得出的，这个数值越小，拟合的效果也就越好。公式如式（6-4）。

$$F = \frac{R^2}{\frac{1}{n-m-1}(1-R^2)} = \frac{dfeR^2}{1-R^2} \qquad (6\text{-}4)$$

F 值为回归方程的显著性检验，其代表相当于 P 值。

6.2 结果分析

6.2.1 红树林湿地 C、N 含量变化对植物性状的影响

（1）CO_2 摩尔分数倍增情景下秋茄湿地模拟系统内 C 含量与植物性状相关性分析

苗木品质指数（QI）是衡量苗木生长成活期内各器官协调和平衡状况的多指标综合指数。分析结果如表 6-1 所示，秋茄的株高、基径、

表6-1 土壤中 C 含量变化对秋茄株高、基径、生物量和苗木品质指数的影响

CO_2 摩尔分数 /（μmol/mol）	项目	相关系数			
		株高 H	基径 D	生物量 C	苗木品质指数 QI
350	TC	0.782* (P=0.033)	0.785* (P=0.048)	0.818* (P=0.032)	0.824* (P=0.026)
	TOC	0.750* (P=0.037)	0.771* (P=0.034)	0.936** (P=0.007)	0.895** (P=0.007)
	IC	0.795* (P=0.024)	0.840* (P=0.022)	0.716* (P=0.041)	0.826* (P=0.028)
700	TC	0.723* (P=0.045)	0.824* (P=0.042)	0.884* (P=0.038)	0.842* (P=0.036)
	TOC	0.737* (P=0.034)	0.776* (P=0.048)	0.932** (P=0.006)	0.937** (P=0.005)
	IC	0.749* (P=0.029)	0.848* (P=0.039)	0.724* (P=0.027)	0.798* (P=0.023)

注：*表示性状间存在显著差异，$P<0.05$；**表示性状间存在极显著差异，$P<0.01$。

生物量和苗木品质指数随土壤中 C 含量（包括 TOC、IC、TC）的增加而升高，根据相关性研究结果表明，株高（H）、基径（D）、生物量（C）和苗木品质指数（QI）与土壤中 C 含量呈显著正相关性。其中，生物量（C）在 CO_2 摩尔分数为 350μmol/mol 和 700μmol/mol 下与土壤中 TOC 呈极显著正相关（P＜0.05），相关性系数分别为 0.936、0.932，表明生物量在 CO_2 摩尔分数倍增的情景下随 TOC 质量浓度变化更加明显。同时，苗木品质指数在 CO_2 摩尔分数为 350μmol/mol、700μmol/mol 时与总有机 C（TOC）呈极显著正相关，相关性系数分别为 0.895、0.937，说明土壤中 TOC 质量浓度增加对秋茄植株生长具有更为显著的促进作用。

植株根部对溶解于水中的小分子 TOC 的吸收是植物内部组织生长能量的主要来源之一，从表 6-2 可知，秋茄湿地模拟系统内水体中 C 质量浓度与株高、基径、生物量和苗木品质指数与土壤中 C 含量呈正相关性，表明植物性状会随着在 CO_2 摩尔分数倍增的情景下水中 C 含量的变化而变化。其中，生物量在 CO_2 摩尔分数为 700μmol/mol 下与水中 TOC 的含量呈极显著的正相关（P＜0.01），相关性系数为 0.886，这与土壤中 C 含量的变化与植物性状之间的相关性一致，植株苗木品质指数（QI）在 CO_2 摩尔分数为 350μmol/mol 和 700μmol/mol 时与水中 TC 呈极显著的正相关（P＜0.01），相关性系数分别为 0.964、0.961，说明水体中 TOC、TC 的质量浓度对秋茄植株生长具有更为显著的促进作用。试验结果表明：水、土壤中 C 含量的增加促进了红树植物秋茄长高和增粗以及苗木生物量的累积，有利于苗木优化。

表6-2 水中C含量变化对秋茄株高、基径、生物量和苗木品质指数的影响

CO_2摩尔分数/ ($\mu mol/mol$)	项目	相关系数			
		株高 H	基径 D	生物量 C	苗木品质指数 QI
350	TC	0.797* (P=0.033)	0.669 (P=0.058)	0.808* (P=0.022)	0.964** (P=0.008)
	TOC	0.803* (P=0.027)	0.710* (P=0.034)	0.819* (P=0.013)	0.815* (P=0.027)
	IC	0.683* (P=0.044)	0.763* (P=0.022)	0.659 (P=0.071)	0.786* (P=0.036)
700	TC	0.762* (P=0.016)	0.762* (P=0.012)	0.864* (P=0.026)	0.961** (P=0.006)
	TOC	0.750* (P=0.013)	0.876* (P=0.028)	0.886** (P=0.009)	0.937** (P=0.005)
	IC	0.791* (P=0.029)	0.648 (P=0.059)	0.659 (P=0.069)	0.828* (P=0.033)

注：*表示性状间存在显著差异，$P<0.05$；**表示性状间存在极显著差异，$P<0.01$。

（2）CO_2摩尔分数倍增情景下桐花树湿地模拟系统内 C 含量与植物性状相关性分析

如表 6-3、表 6-4 所示，CO_2 摩尔分数不断升高的条件下，桐花树的株高、基径、生物量和苗木品质指数随着湿地系统中土壤和水中 C 含量的增加而增加。其中，在 CO_2 摩尔分数为 $350\mu mol/mol$ 的条件下，桐花树生物量与土壤中 TOC 相关性不显著；在 CO_2 摩尔分数为 $700\mu mol/mol$ 的条件下，桐花树株高、基径与土壤中 TOC，生物量与土壤中 TC、IC 相关性均不显著。苗木品质指数在 CO_2 为 $350\mu mol/mol$ 和 $700\mu mol/mol$ 时与土壤中 IC 呈极显著正相关，相关性系数分别为 0.934、0.886，表明苗木品质指数在 CO_2 摩尔分数倍增的情景下随 IC 质量浓度变化更加明显。

表6-3　土壤中C含量变化对桐花树株高、基径、生物量和苗木品质指数的影响

CO₂摩尔分数 / (μmol/mol)	项目	相关系数			
		株高 H	基径 D	生物量 C	苗木品质指数 QI
350	TC	0.817[1] (P=0.033)	0.748[1] (P=0.048)	0.717[1] (P=0.033)	0.805[1] (P=0.036)
	TOC	0.784[1] (P=0.037)	0.838[1] (P=0.014)	0.628 (P=0.063)	0.782[1] (P=0.027)
	IC	0.828[1] (P=0.024)	0.859[1] (P=0.022)	0.784[1] (P=0.024)	0.934[2] (P=0.008)
700	TC	0.787[1] (P=0.035)	0.739[1] (P=0.042)	0.684 (P=0.068)	0.712[1] (P=0.036)
	TOC	0.646 (P=0.064)	0.697 (P=0.058)	0.718[1] (P=0.032)	0.803[1] (P=0.033)
	IC	0.869[1] (P=0.029)	0.726[1] (P=0.039)	0.652 (P=0.067)	0.886[2] (P=0.008)

注：①表示性状间存在显著差异，P＜0.05；②表示性状间存在极显著差异，P＜0.01。

表6-4　水中C含量变化对桐花树株高、基径、生物量和苗木品质指数的影响

CO₂摩尔分数 / (μmol/mol)	项目	相关系数			
		株高 H	基径 D	生物量 C	苗木品质指数 QI
350	TC	0.745[1] (P=0.033)	0.772[1] (P=0.028)	0.741[1] (P=0.032)	0.915[2] (P=0.006)
	TOC	0.686[1] (P=0.037)	0.678[1] (P=0.034)	0.721[1] (P=0.023)	0.719[1] (P=0.027)
	IC	0.722[1] (P=0.024)	0.601 (P=0.172)	0.753[1] (P=0.031)	0.765[1] (P=0.028)
700	TC	0.704[1] (P=0.045)	0.715[1] (P=0.032)	0.763[1] (P=0.028)	0.943[2] (P=0.003)
	TOC	0.740[1] (P=0.034)	0.723[1] (P=0.048)	0.798[1] (P=0.018)	0.771[1] (P=0.045)
	IC	0.636 (P=0.069)	0.749[1] (P=0.039)	0.655 (P=0.077)	0.753[1] (P=0.033)

注：①表示性状间存在显著差异，P＜0.05；②表示性状间存在极显著差异，P＜0.01。

对 CO_2 摩尔分数倍增情景下桐花树湿地模拟系统水体中 C 质量浓度与植株株高、基径、生物量和苗木品质指数进行相关性分析，从表 6-4 可知，在 CO_2 摩尔分数为 350μmol/mol 的条件下，桐花树基径与水中 IC 相关性不显著，在 CO_2 摩尔分数为 700μmol/mol 的条件下，桐花树株高、基径与水中 IC 相关性均不显著。植株苗木品质指数（QI）在 CO_2 为摩尔分数 350μmol/mol 和 700μmol/mol 时与水中 TC 呈极显著相关，相关性系数分别为 0.915、0.943，说明水体中 TC 质量浓度对桐花树植株生长具有更为显著的促进作用。

试验结果表明：水、土壤中 C 含量的增加促进了桐花树长高和增粗以及苗木生物量的累积，有利于苗木优化。与土壤中 C 含量与秋茄植物性状之间的相关性研究一致。

（3）CO_2 摩尔分数倍增情景下秋茄湿地模拟系统内 N 含量与植物性状相关性分析

N 是蛋白质的主要成分，对植物茎叶生长及果实发育有重要作用，在 CO_2 摩尔分数不断升高的条件下，秋茄的株高、基径、生物量和苗木品质指数随湿地系统中土壤和水中 N 含量（包括土壤中的 TN 和水中的 $NH_4^+ - N$、$NO_3^- - N$、TN）的增加而升高，本研究对 CO_2 摩尔分数倍增情景下秋茄湿地模拟系统内 N 含量与秋茄株高、基径、生物量和苗木品质指数相关关系进行了分析，结果如表 6-5 所示。

分析结果表明，在 CO_2 摩尔分数为 350μmol/mol、700μmol/mol 的条件下，秋茄植株株高、基径、生物量及苗木品质指数与土壤和水中的 TN、$NH_4^+ - N$、$NO_3^- - N$ 浓度呈正相关关系，表明植物性状会随着在 CO_2 摩尔分数倍增的情景下水中 N 含量的变化而变化。其中，植株株高与苗木品质指数在 CO_2 为 350μmol/mol 时与土壤中 TN 呈极显著相关，相关性系数分别为 0.894、0.905（$P < 0.01$），说明土壤中 TN 质量

浓度对秋茄生长具有更为显著的促进作用。同时，从株高与生物量在 CO_2 为 350μmol/mol、700μmol/mol 时与 $NO_3^- - N$ 的相关性数据看出，相关性系数分别为 0.004、0.008（$P < 0.01$），呈极显著相关，表明水中 $NO_3^- - N$ 质量浓度增加对秋茄植株质量提高具有显著效果。

表6-5　湿地土壤、水中N含量变化对秋茄株高、基径、生物量和苗木品质指数的影响

CO₂摩尔分数 / （μmol/mol）	项目	相关系数			
		株高 H	基径 D	生物量 C	苗木品质指数 QI
350	TN（土壤）	0.894[②]（$P=0.008$）	0.719[①]（$P=0.038$）	0.728[①]（$P=0.033$）	0.905[②]（$P=0.004$）
	NH_4^+-N（水中）	0.710[①]（$P=0.027$）	0.734[①]（$P=0.034$）	0.733[①]（$P=0.037$）	0.721[①]（$P=0.024$）
	NO_3^--N（水中）	0.921[②]（$P=0.004$）	0.672（$P=0.062$）	0.881[②]（$P=0.008$）	0.761[①]（$P=0.027$）
	TN（水中）	0.696[①]（$P=0.044$）	0.694[①]（$P=0.044$）	0.831[①]（$P=0.024$）	0.757[①]（$P=0.028$）
700	TN（土壤）	0.805[①]（$P=0.033$）	0.775[①]（$P=0.038$）	0.708[①]（$P=0.033$）	0.778[①]（$P=0.013$）
	NH_4^+-N（水中）	0.694[①]（$P=0.037$）	0.762[①]（$P=0.034$）	0.790[①]（$P=0.037$）	0.826[①]（$P=0.023$）
	NO_3^--N（水中）	0.910[②]（$P=0.024$）	0.797[①]（$P=0.022$）	0.752[①]（$P=0.024$）	0.951[②]（$P=0.008$）
	TN（水中）	0.667（$P=0.062$）	0.650（$P=0.082$）	0.790[①]（$P=0.024$）	0.744[①]（$P=0.034$）

注：①表示性状间存在显著差异，$P < 0.05$；②表示性状间存在极显著差异，$P < 0.01$。

（4）CO₂摩尔分数倍增情景下桐花树湿地模拟系统内N含量变化与植物性状相关性分析

在 CO_2 摩尔分数不断升高的条件下，桐花树的株高、基径、生物量和苗木品质指数随湿地系统中土壤和水中N含量（包括土壤中的 TN 和水中的 $NH_4^+ - N$、$NO_3^- - N$、TN）的增加而升高，本研究对

CO_2 摩尔分数倍增情景下桐花树湿地模拟系统内 N 含量与桐花树的株高、基径、生物量和苗木品质指数相关关系进行了分析，结果如表6-6所示。

表6-6 土壤和水中 N 含量变化对桐花树株高、基径、生物量和苗木品质指数的影响

CO_2摩尔分数 / （μmol/mol）	相关系数				
	项目	株高 H	基径 D	生物量 C	苗木品质指数 QI
350	TN（土壤）	0.694[1] （P=0.043）	0.819[1] （P=0.038）	0.728[1] （P=0.033）	0.905[2] （P=0.007）
	NH_4^+-N（水中）	0.610 （P=0.087）	0.624 （P=0.074）	0.533 （P=0.137）	0.661 （P=0.127）
	NO_3^--N（水中）	0.771[1] （P=0.024）	0.772[1] （P=0.022）	0.821[1] （P=0.024）	0.961[1] （P=0.008）
	TN（水中）	0.696[1] （P=0.044）	0.594 （P=0.084）	0.731[1] （P=0.034）	0.757[1] （P=0.024）
700	TN（土壤）	0.805[1] （P=0.033）	0.675[1] （P=0.048）	0.708[1] （P=0.033）	0.878[1] （P=0.023）
	NH_4^+-N（水中）	0.610 （P=0.124）	0.662 （P=0.134）	0.590 （P=0.237）	0.826[1] （P=0.043）
	NO_3^--N（水中）	0.949[2] （P=0.004）	0.797[1] （P=0.022）	0.797[1] （P=0.022）	0.851[1] （P=0.028）
	TN（水中）	0.667 （P=0.074）	0.550 （P=0.174）	0.639 （P=0.137）	0.614 （P=0.147）

注：[1]表示性状间存在显著差异，$P < 0.05$；[2]表示性状间存在极显著差异，$P < 0.01$。

分析结果表明，在 CO_2 摩尔分数为350μmol/mol、700μmol/mol 的条件下，桐花树植株株高、基径、生物量及苗木品质指数与土壤、水中的 TN、NH_4^+-N、NO_3^--N 呈正相关关系，表明植物性状会随着在 CO_2 摩尔分数倍增的情景下水中 N 含量的变化而变化。株高、基径、生物量及苗木品质指数与土壤和水中 TN、NO_3^--N 呈显著正相关关系。其中，植株苗木品质指数（QI）在 CO_2 摩尔分数为350μmol/mol、700μmol/mol 时与土壤中 TN 呈极显著相关，相关性系数分别为0.905、0.878，

说明 TN 的质量浓度对桐花树生长具有更为显著的促进作用。同时，株高、基径与生物量在 CO_2 摩尔分数为 350μmol/mol、700μmol/mol 时与 NH_4^+-N 的相关性数据看出，$P > 0.05$，说明二者相关性并不显著。从试验结果分析得出：CO_2 摩尔分数升高促进了植物的光合作用，显著影响了植物的生长和总生物量，进而改变了土壤-植物系统中 C 和 N 素的分配。

6.2.2 CO_2 摩尔分数倍增情景下红树林湿地 C、N 储量变化

（1）CO_2 摩尔分数倍增情景下秋茄、桐花树 C 储量变化

表 6-7 为秋茄、桐花树在不同 CO_2 摩尔分数处理下各器官生物量与 C 储量数据计算结果。由表可见：不同树种各器官组成之间生物量

表6-7　不同处理下两种红树类型各器官的生物量与C储量

红树类型	器官	700μmol/mol CO₂ 摩尔分数条件下			350μmol/mol CO₂ 摩尔分数条件下		
		生物量 /g	C 储量 /（g·m⁻²）	百分比 /%	生物量 /g	C 储量 /（g·m⁻²）	百分比 /%
秋茄	根	（16.87±0.02）a	（126.45±0.33）b	43.50	（14.07±0.03）a	（105.60±0.56）a	42.54
	茎	（8.40±0.13）b	（63.00±0.23）a	21.67	（7.80±0.12）a	（58.50±0.13）a	23.57
	叶	（13.50±0.20）ab	（101.25±0.11）b	34.82	（11.20±0.22）ab	（84.01±0.33）ab	33.87
	整株	（38.78±0.13）a	（290.85±0.31）a	100.00	（33.07±0.11）a	（248.10±0.12）a	100.00
桐花树	根	（8.53±0.23）a	（64.05±0.12）a	30.02	（7.96±0.21）a	（59.70±0.13）b	29.59
	茎	（8.30±0.12）b	（62.25±0.11）b	29.20	（7.59±0.12）b	（57.00±0.22）a	28.23
	叶	（11.41±0.11）c	（85.5±0.12）a	40.14	（10.95±0.22）ab	（82.20±0.14）b	40.72
	整株	（28.42±0.12）a	（213.15±0.12）ab	100.00	（26.91±0.12）a	（201.75±0.26）a	100.03

注：① 各个器官的数据表示为（平均值±标准差）；
② 相同列内的小写字母的不同代表差异处理在0.05水平上差异显著，相同列内的大写字母的不同代表差异处理在0.01水平上差异显著。

与 C 储量具有一定的差异，针对秋茄而言，三个器官 C 储量值的大小为根＞叶＞茎，树根作为 C 素同化器官具有较强的固 C 能力，占固 C 量总值的 42% 以上；而桐花树中 C 储量大小为叶＞根＞茎。秋茄各器官及整株 C 储量值明显高于桐花树，说明相比桐花树而言秋茄具有更好的固 C 效果。

不同 CO_2 摩尔分数对两种树种各器官 C 储量的影响不同，700 μmol/mol CO_2 处理下，秋茄 C 储量范围为 4.20～8.43g，桐花树为 4.15～5.70g；350μmol/mol CO_2 处理下，秋茄 C 储量范围为 3.90～7.04g，桐花树为 3.80～5.48g，700μmol/mol CO_2 处理下，秋茄、桐花树总 C 储量比 350μmol/mol CO_2 处理下分别高出 17.2%、5.6%，CO_2 摩尔分数越高植株的固 C 能力越强，CO_2 摩尔分数倍增显著提升了秋茄树种的 C 储量。相关研究表明，植株的光合作用会把空气中的 CO_2 固定，一半的 CO_2 转变为有机 C（这就是植物的净初级生产力，表示为 NNP），而另一半会经过植物的呼吸释放。CO_2 摩尔分数倍增提高了植物的光合作用速率，这种有机物的积累也会引起植株体内的 C 元素和 N 元素含量的改变。

研究发现大气 CO_2 浓度升高对植物的直接影响包括地上和地下生物量数量和性质的变化。大气 CO_2 浓度升高会促进光合产物向根系分配，使地上部和根系分配的比例发生变化，细根的周转速度加快，根系分泌物数量增多，导致植物向根系分配的 C 的数量增多，从而提高陆地生态系统地下部分的 C 素固定量，植物地上、地下部分生物量等的变化都将对土壤 C 循环产生影响。

（2）CO_2 摩尔分数倍增情景下秋茄、桐花树 N 储量变化

表 6-8、表 6-9 为秋茄、桐花树在不同 CO_2 摩尔分数处理下各器官生物量与 N 储量数据。

表6-8　不同处理下两种红树类型各器官N含量（g/kg）

红树类型	器官	350μmol/mol CO₂摩尔分数条件下 N含量／（g/kg）	700μmol/mol CO₂摩尔分数条件下 N含量／（g/kg）
秋茄	根	（4.45±0.08）d	（4.01±0.12）d
	茎	（5.46±0.46）c	（4.33±0.25）cd
	叶	（16.17±0.96）a	（13.76±0.79）ab
	平均	（8.69±0.88）b	（7.36±0.67）b
桐花树	根	（5.95±0.12）c	（5.11±0.12）c
	茎	（4.57±0.12）d	（4.15±0.12）d
	叶	（11.96±0.12）a	（10.22±0.12）ab
	平均	（7.49±0.12）b	（6.49±0.12）b

注：① 各个器官的数据表示为（平均值±标准差）；

② 相同列内的小写字母的不同代表差异处理在0.05水平上差异显著，相同列内的大写字母的不同代表差异处理在0.01水平上差异显著。

表6-9　不同处理下两种红树类型各器官生物量与N储量

红树类型	器官	350μmol/mol CO₂摩尔分数条件下			700μmol/mol CO₂摩尔分数条件下		
		生物量/g	N储量／（g·m⁻²）	百分比/%	生物量/g	N储量／（g·m⁻²）	百分比/%
秋茄	根	（14.07±0.56）a	（0.94±0.17）b	43.57	（16.87±0.45）a	（1.01±0.13）a	42.57
	茎	（7.80±0.33）ab	（0.64±0.24）a	21.76	（8.40±0.34）a	（0.55±0.23）ab	23.58
	叶	（11.20±0.76）ab	（2.72±0.66）ab	34.88	（13.50±0.24）ab	（2.78±0.33）ab	33.89
	整株	（33.07±0.23）b	（4.31±0.33）a	100.00	（38.78±0.30）a	（4.28±0.40）b	100.00
桐花树	根	（7.96±1.20）b	（0.71±0.13）ab	30.06	（8.53±0.12）a	（0.65±0.34）a	29.63
	茎	（7.59±0.67）ab	（0.52±0.12）a	29.21	（8.30±0.23）b	（0.51±0.65）ab	28.27
	叶	（10.95±0.97）b	（1.96±0.33）ab	40.16	（11.41±0.33）ab	（1.75±0.24）ab	40.73
	整株	（26.91±0.56）a	（3.02±0.45）a	100.00	（28.42±0.70）b	（2.76±0.35）ab	100.00

注：① 各个器官的数据表示为（平均值±标准差）；

② 相同列内的小写字母的不同代表差异处理在0.05水平上差异显著，相同列内的大写字母的不同代表差异处理在0.01水平上差异显著。

在高 CO_2 摩尔分数下，植物地上部分和地下部分生物量都显著增加，与当前 CO_2 浓度相比秋茄植物生物量增加 17.3%，桐花树增加 5.6%，这与其他研究结果基本一致。大量的研究表明，CO_2 摩尔分数升高会减少植物体的 N 浓度。本研究结果也表明，在 CO_2 摩尔分数倍增的条件下，N 储量降低，秋茄在两种不同摩尔分数的 CO_2 处理下 N 储量分别为（4.31±0.33）$g \cdot m^{-2}$、（4.28±0.40）$g \cdot m^{-2}$，桐花树分别为（3.02±0.45）$g \cdot m^{-2}$，（2.76±0.35）$g \cdot m^{-2}$，两者间没有明显差异。这可能是由生物量增加引起的稀释效应，植物各器官中总 N 含量随 CO_2 摩尔分数升高而降低，并因功能器官和生长阶段的不同而有所不同。虽然 CO_2 摩尔分数升高降低了植物各器官中总 N 含量，但提高了"新" N 的富集程度，表明 CO_2 摩尔分数升高能够增加生物量，进而促进光合 C 素和 N 素在植物中的积累而提高植物产量。由表 6-9 可见：不同树种各器官组成之间生物量与 N 储量具有一定的差异，针对秋茄而言，三个器官 N 储量值大小为根＞叶＞茎，而桐花树中 N 储量大小为叶＞根＞茎。

6.2.3 不同摩尔分数 CO_2 处理下两种红树类型 C、N 储量方程

（1）不同摩尔分数 CO_2 处理下两种红树类型 C 储量估算方程

生物量方程根据一定的实测生物量数据和一些相关易测因子（如基径、株高、冠幅）及它们的衍变、组合数据而建立的生物量估算模型，在生态保护和准确估算方面有巨大的优势，因此被广泛利用于森林调查和生态学研究。但鉴于红树林湿地生态系统的复杂性及环境因子的影响，现有的红树林当中植被生物量计算方程并不多，而植被 C 储量计算方程的研究成果相对更少。

本研究分别选取秋茄和桐花树共两种植被类型，其中水池 1 和水

池 2 的 CO_2 摩尔分数条件为 700μmol/mol，水池 5 和水池 6 的 CO_2 摩尔分数条件为 350μmol/mol，采用标准株和数量化模型结合的方法，以直接测量调查得到的植被基径（D）、株高（H）以及通过它们计算得到的 D^2 和 D^2H 等有实际意义的参数构建 C 储量方程，如表6-10、表6-11 所示。

表6-10　不同浓度CO₂条件下秋茄C储量方程及相关参数

CO₂ 摩尔分数 / （μmol/mol）	器官	回归方程类型	X_1	X_2	Y	a	b	c
700	根	$Y=a+bX_1+cX_2$	H	D^2H	$C_{根}$	4.44	0.02	0.14
	茎	$Y=a+bX_1+cX_2$	H	D^2H	$C_{茎}$	−2.06	0.10	0.11
	叶	$Y=a+bX_1+cX_2$	H	D^2H	$C_{叶}$	2.66	0.04	0.11
	整株	$Y=a+bX_1+cX_2$	H	D^2H	$C_{整株}$	8.15	0.20	0.15
350	根	$Y=a+bX_1+cX_2$	H	D^2H	$C_{根}$	−7.44	0.37	0.02
	茎	$Y=a+bX_1+cX_2$	H	D^2H	$C_{茎}$	−6.58	0.25	0.007
	叶	$Y=a+bX_1+cX_2$	H	D^2H	$C_{叶}$	−7.12	0.32	0.004
	整株	$Y=a+bX_1+cX_2$	H	D^2H	$C_{整株}$	−3.22	0.47	0.30

表6-11　不同摩尔分数CO₂条件下桐花树C储量方程及相关参数

CO₂ 摩尔分数 / （μmol/mol）	器官	回归方程类型	X_1	X_2	Y	a	b	c
700	根	$Y=a+bX_1+cX_2$	H	D^2H	$C_{根}$	−1.22	0.12	0.08
	茎	$Y=a+bX_1+cX_2$	H	D^2H	$C_{茎}$	2.95	0.01	0.05
	叶	$Y=a+bX_1+cX_2$	H	D^2H	$C_{叶}$	−2.83	0.21	0.05
	整株	$Y=a+bX_1+cX_2$	H	D^2H	$C_{整株}$	4.10	0.23	0.58
350	根	$Y=a+bX_1+cX_2$	H	D^2H	$C_{根}$	−4.27	0.19	0.05
	茎	$Y=a+bX_1+cX_2$	H	D^2H	$C_{茎}$	−0.09	0.07	0.07
	叶	$Y=a+bX_1+cX_2$	H	D^2H	$C_{叶}$	−1.78	0.17	0.05
	整株	$Y=a+bX_1+cX_2$	H	D^2H	$C_{整株}$	−4.15	0.42	0.64

根据分析结果，如表 6-10、表 6-11 所示，不同 CO_2 摩尔分数下同种植被的 C 储量方程不同，如秋茄在 CO_2 摩尔分数为 700μmol/mol 和 350μmol/mol 的条件下，根系的 C 储量方程分别为 $C_根 = 4.44+0.02H+0.14D^2H$ 和 $C_根 = -7.44+0.37H+0.02D^2H$，茎的 C 储量方程为 $C_茎 = -2.06+0.10H+0.11D^2H$ 和 $C_茎 = -6.58+0.25H+0.007D^2H$，叶的 C 储量为 $C_叶 = 2.66+0.04H+0.11D^2H$ 和 $C_叶 = -7.12+0.32H+0.004D^2H$，整株的 C 储量为 $C_整株 = 8.15+0.20H+0.15D^2H$ 和 $C_整株 = -3.22+0.47H+0.30D^2H$。

桐花树在 CO_2 为 700μmol/mol 和 350μmol/mol 的条件下 C 储量方程同样不同。相同浓度 CO_2 条件下，不同植被的 C 储量方程同样不同，如桐花树的根、茎、叶、整株在 CO_2 为 700μmol/mol 的条件下，为 $C_根 = -1.22+0.12H+0.08D^2H$、$C_茎 = 2.95+0.01H+0.05D^2H$、$C_叶 = -2.83+0.21H+0.05D^2H$ 和 $C_整株 = 4.10+0.23H+0.58D^2H$，与相同体积下的秋茄 C 储量方程有所差异，桐花树的根、茎、叶、整株在 CO_2 为 350μmol/mol 条件下，为 $C_根 = -4.27+0.19H+0.05D^2H$、$C_茎 = -0.09+0.07H+0.07D^2H$、$C_叶 = -1.78+0.17H+0.05D^2H$ 和 $C_整株 = -4.15+0.42H+0.64D^2H$。秋茄和桐花树在不同浓度中拟合优度评价如表 6-12 所示。

表6-12 拟合优度评价指标

红树类型	CO_2摩尔分数/（μmol/mol）	C 储量方程	R^2	P_H	P_{D^2H}	SSe	MSe	F
秋茄	700	$C_根$	0.92	0.76	0.00	0.07	0.00	151.20
		$C_茎$	0.96	0.06	0.00	0.03	0.00	333.84
		$C_叶$	0.94	0.43	0.00	0.041	0.00	210.46
		$C_整株$	0.97	0.01	0.00	0.06	0.00	415.26
	350	$C_根$	0.90	0.00	0.34	0.08	0.00	120.69
		$C_茎$	0.95	0.00	0.42	0.02	0.00	284.21
		$C_叶$	0.96	0.00	0.64	0.02	0.00	345.74
		$C_整株$	0.91	0.00	0.24	0.18	0.00	143.26

续表

红树类型	CO₂摩尔分数 /（µmol/mol）	C储量方程	R^2	p_H	P_{D^2H}	SSe	MSe	F
桐花树	700	$C_{根}$	0.92	0.76	0.00	0.07	0.00	151.20
		$C_{茎}$	0.96	0.06	0.00	0.03	0.00	333.84
		$C_{叶}$	0.94	0.43	0.00	0.04	0.00	210.46
		$C_{整株}$	0.97	0.01	0.00	0.06	0.00	415.26
	350	$C_{根}$	0.90	0.00	0.34	0.08	0.00	120.69
		$C_{茎}$	0.95	0.00	0.42	0.02	0.00	284.21
		$C_{叶}$	0.96	0.00	0.64	0.02	0.00	345.74
		$C_{整株}$	0.91	0.00	0.24	0.18	0.00	143.26

注：表中R^2是决定系数，p_H为X₁显著性，P_{D^2H}为X₂显著性，SSe是残差平方和，MSe是均方差，F值为回归方程的显著性检验。

C储量方程结果的决定系数均大于 0.9，表明拟合度较优。结合 SSe、MSe 和 F 值，拟合回归方程满足研究的精度要求。在秋茄、桐花树 C 储量估测工作中可以推广应用。

（2）不同处理下两种红树类型 N 储量估算模型

如表 6-13 和表 6-14 所示，不同 CO₂ 摩尔分数下同种植被的 N 储量方程不同，如秋茄在 CO₂ 为 700µmol/mol 和 350µmol/mol 条件下，根系的 N 储量方程分别为 $N_{根}=-2.15+0.06H+0.01D^2H$ 和 $N_{根}=-2.58+0.04H+0.07D^2H$；茎的 N 储量方程为 $N_{茎}=-1.48+0.03H+0.02D^2H$ 和 $N_{茎}=-1.55+0.02H+0.04D^2H$；叶的 N 储量为 $N_{叶}=-1.9+0.48H+0.08D^2H$ 和 $N_{叶}=-1.02+0.03H+0.06D^2H$；整株的 N 储量为 $N_{整株}=-1.82+0.48H+0.28D^2H$ 和 $N_{整株}=-4.47+0.08H+0.17D^2H$。

桐花树在 CO₂ 为 700µmol/mol 和 350µmol/mol 时，N 储量方程同样不同。相同摩尔分数 CO₂ 条件下，不同植被的 N 储量方程同样不同，如桐花树的根、茎、叶、整株在 CO₂ 为 700µmol/mol 条件下，为

$N_{根}$=−6.5+0.11H+0.14D^2H、$N_{茎}$=−4.26+0.05H+0.13D^2H、$N_{叶}$=−7.66+0.16H+0.17D^2H、$N_{整株}$=−4.25+0.08H+0.37D^2H；在CO_2为350μmol/mol条件下$N_{根}$=−2.22+0.04H+0.07D^2H、$N_{茎}$=−1.34+0.02H+0.04D^2H、$N_{叶}$=−7.76+0.16H+0.17D^2H和$N_{整株}$=−4.06+0.08H+0.14D^2H。

表6-13 不同浓度CO_2条件下秋茄N储量方程及相关参数

CO_2摩尔分数/（μmol/mol）	器官	回归方程类型	X_1	X_2	Y	a	b	c
700	根	$Y=a+bX_1+cX_2$	H	D^2H	$N_{根}$	−2.15	0.06	0.01
	茎	$Y=a+bX_1+cX_2$	H	D^2H	$N_{茎}$	−1.48	0.03	0.02
	叶	$Y=a+bX_1+cX_2$	H	D^2H	$N_{叶}$	−1.90	0.48	0.08
	整株	$Y=a+bX_1+cX_2$	H	D^2H	$N_{整株}$	−1.82	0.48	0.28
350	根	$Y=a+bX_1+cX_2$	H	D^2H	$N_{根}$	−2.58	0.04	0.07
	茎	$Y=a+bX_1+cX_2$	H	D^2H	$N_{茎}$	−1.55	0.02	0.04
	叶	$Y=a+bX_1+cX_2$	H	D^2H	$N_{叶}$	−1.02	0.03	0.06
	整株	$Y=a+bX_1+cX_2$	H	D^2H	$N_{整株}$	−4.47	0.08	0.17

表6-14 不同浓度CO_2条件下桐花树N储量方程及相关参数

CO_2摩尔分数/（μmol/mol）	器官	回归方程类型	X_1	X_2	Y	a	b	c
700	根	$Y=a+bX_1+cX_2$	H	D^2H	$N_{根}$	−6.50	0.11	0.14
	茎	$Y=a+bX_1+cX_2$	H	D^2H	$N_{茎}$	−4.26	0.05	0.13
	叶	$Y=a+bX_1+cX_2$	H	D^2H	$N_{叶}$	−7.66	0.16	0.17
	整株	$Y=a+bX_1+cX_2$	H	D^2H	$N_{整株}$	−4.25	0.08	0.37
350	根	$Y=a+bX_1+cX_2$	H	D^2H	$N_{根}$	−2.22	0.04	0.07
	茎	$Y=a+bX_1+cX_2$	H	D^2H	$N_{茎}$	−1.34	0.02	0.04
	叶	$Y=a+bX_1+cX_2$	H	D^2H	$N_{叶}$	−7.76	0.16	0.17
	整株	$Y=a+bX_1+cX_2$	H	D^2H	$N_{整株}$	−4.06	0.08	0.14

表6-15　拟合优度评价指标

类型	CO_2摩尔分数 / (μmol/mol)	N 储量方程	R^2	p_H	$P_{D^2H}^2$	SSe	MSe	F
秋茄	700	$N_{根}$	0.88	0.00	0.91	40.21	1.49	103.10
		$N_{茎}$	0.93	0.00	0.67	8.97	0.33	176.86
		$N_{叶}$	0.86	0.01	0.93	33.17	1.23	83.97
		$N_{整株}$	0.82	0.00	0.40	266.71	9.88	62.13
	350	$N_{根}$	0.89	0.00	0.00	28.00	1.04	110.05
		$N_{茎}$	0.89	0.00	0.00	10.23	0.38	112.60
		$N_{叶}$	0.90	0.00	0.00	17.06	0.63	121.58
		$N_{整株}$	0.90	0.00	0.00	123.92	4.59	115.66
桐花树	700	$N_{根}$	0.86	0.70	0.03	30.50	1.13	79.83
		$N_{茎}$	0.79	0.86	0.06	35.98	1.32	50.48
		$N_{叶}$	0.82	0.68	0.06	61.33	2.27	59.84
		$N_{整株}$	0.81	0.76	0.06	342.13	12.67	58.21
	350	$N_{根}$	0.95	0.53	0.00	8.24	0.31	284.39
		$N_{茎}$	0.95	0.85	0.00	8.68	0.32	257.12
		$N_{叶}$	0.95	0.66	0.00	14.70	0.54	252.30
		$N_{整株}$	0.96	0.61	0.00	69.33	2.57	300.29

注：表中R^2是决定系数，p_H为X_1显著性，$P_{D^2H}^2$为X_2显著性，SSe是残差平方和，MSe是均方差，F值为回归方程的显著性检验。

N 储量方程结果的相关系数在 0.8～0.96 之间，结合 SSe、MSe 和 F 值，拟合回归方程基本满足研究的精度要求，与 C 储量拟合结果相比相对较差，这说明与 N 储量相比，植株各器官生物量与 C 储量的相关性更高，拟合程度更优，C 储量与器官生物量的关系更大。

6.2.4　CO_2 摩尔分数倍增情景下秋茄、桐花树实地 C 储量预测

我国不同地区红树林植物地上、地下部分生物量的相关研究也很深入，但大多未对 C 储量进行估算，且对红树林植物 C 储量的研究尚不多见。

（1）群落调查结果与植物 C 储量

本次试验采用重要值作为多样性指数计算和群落划分依据，植物群落调查结果如表 6-16 所示，从重要值来看，该红树林群落以秋茄为主，桐花树次之。红树林群落冠层分布于株高 0.47～0.48m，秋茄株高为 3.99m 左右，桐花树株高为 1.47m 左右。综合群落结构特征分析，海南东寨红树林中秋茄、桐花树相对多度和相对盖度明显大于其他物种，重要值远远超过木榄、海莲和红海榄等其他物种。

表6-16 海南东寨港主要红树植被特质

群落	株高 /m	基径 /cm	密度 /（颗 /m²）	相对多度	相对频度	相对盖度	重要值
秋茄	3.99±0.25	8.11±0.35	1.15±0.15	81.42	50.00	53.66	61.70
海莲	3.70±0.21	8.12±0.34	0.763±0.12	15.37	16.67	30.11	20.71
角果木	2.13±0.10	5.99±0.15	0.11±0.01	0.36	4.76	0.17	1.76
红海榄	3.91±0.25	5.84a±0.25	0.05±0.02	1.84	14.29	3.63	6.60
木榄	2.58±0.15	18.52±0.45	0.001±0.02	0.77	7.14	5.02	4.31
尖瓣海莲	4.32±0.25	8.44±0.35	0.0015±0.01	0.06	2.38	0.36	0.93
海漆	2.51±0.05	7.00±0.15	0.0005±0.25	0.01	1.04	0.01	0.35
白骨壤	1.97±0.75	10.06±1.27	0.033±0.02	0.06	2.38	0.33	0.92
海桑	2.86±0.26	13.58±2.25	0.0005±0.05	0.01	1.04	0.02	0.36
无瓣海桑	6.48±0.25	15.79±2.15	0.0025±0.25	0.12	2.38	6.65	3.05
榄李	0.47±0.25	7.00±0.51	0.001±0.15	0.01	1.04	0.02	0.35
桐花树	1.47±0.15	5.50±0.75	4.34±1.15	67.64	21.88	68.26	52.59
老鼠簕	1.01±0.95	5.11±0.21	0.82±0.75	8.95	13.54	4.75	9.08

注：各个指标的数据表示为（平均值±标准差）。

从植物密度来看，桐花树密度最高，达到 4.3 棵 /m²，远远高于其他物种。通过对该地区所有树种的基径比较发现，木榄基径明显大于其他树种，达到（18.52±0.45）cm，而桐花树基径最小，基径平均值仅为 5.5cm。以上结果可以看出，该红树林区的木榄、秋茄株高较高且相对稀疏，树木较大，而桐花树则比较密集，但基径比较小。

（2）秋茄、桐花树群落生物量与C储量

对秋茄、桐花树群落生物量与C储量进行计算，生物量通过经验公式法计算而得（见2.6.4），并按照植物含C量为生物量的50%，计算得到群落总植物C储量。

由表6-17可知，秋茄与桐花树群落地上生物量分别为（45.2±1.32）×10^6g/hm²和（32.02±0.98）×10^6g/hm²。地下生物量分别为（21.94±1.11）×10^6g/hm²和（15.69±1.23）×10^6g/hm²。从总生物量结果比较来看，秋茄群落生物量明显高于桐花树群落。结果显示，红树林群落地上部分生物量占总生物量的67.1%，地下部分占32.9%。C储量分别为（33.34±1.92）t/hm²、（23.86±1.73）t/hm²，秋茄C储量明显高于桐花树C储量，这与试验室模拟试验结果一致。

表6-17　海南东寨港不同类型红树植物的生物量和C储量

群落	面积/hm²	生物量/t			固C量/t			单位面积固C量/(t/hm²)
		总生物量	地上部分	地下部分	总固C量	地上部分	地下部分	
秋茄	63.70	4248.5±1.24	2850.76±1.32	1397.77±1.11	2124.26±2.12	1425.38±1.67	698.88±0.89	33.34±1.92
桐花树	58.59	2795.83±1.78	1876.00±0.98	919.83±1.23	1397.92±1.78	938.00±1.08	459.91±0.67	23.86±1.73

备注：各个指标的数据表示为（平均值±标准差）。

海南东寨红树林秋茄群落植被C储量为（33.34±1.92）t/hm²，桐花树植被C储量（23.86±1.73）t/hm²。梅雪英等对长江口芦苇带湿地进行研究得出芦苇植被C储量为26.6～57.4t/hm²；吴琴等对鄱阳湖湿地进行研究得出其苔草C储量达45t/hm²，芦苇C储量为40t/hm²。康文星等对洞庭湖湿地进行研究得出，乔木层C储量为15.61～40.50t/hm²，草本层为5.91～21.63t/hm²，水生植物为1.46～3.49t/hm²，平均值为

14.95 t/hm²。与其他湿地植被 C 储量相比，典型红树植物秋茄、桐花树植被 C 储量较高，具有较强的固 C 能力。且高于相同植被覆盖度的森林生态系统固 C 能力。

（3）土壤及凋落物 C 储量

不同类型红树植物的土壤固 C 量见表 6-18。土壤 C 库主要包括无机 C 库和有机 C 库，由于土壤无机 C 库的更新周期在千年尺度以上，因此土壤有机 C 库成为全球变化研究中的重点。土壤中 90% 以上的 C 是以土壤有机 C 形式存在的。

表6-18 不同类型红树植物的土壤固C量

群落	土层深度 /cm	容重 / (g/cm³)	有机 C 含量 /%	有机 C 密度 / (t/hm²)
秋茄	0~20	0.932±0.072	2.734±0.121	59.017±0.256
	20~40	0.947±0.087	2.656±0.213	50.035±0.134
	40~60	0.956±0.095	2.119±0.176	40.515±0.265
	60~80	0.972±0.089	1.567±0.187	30.462±0.167
	80~100	0.995±0.134	1.409±0.223	28.039±0.378
	总计			208.086±1.267
	凋落物层			5.340±0.034
桐花树	0~20	0.927±0.075	2.378±0.182	51.487±0.245
	20~40	0.936±0.088	2.253±0.178	42.176±0.351
	40~60	0.939±0.095	1.875±0.211	35.213±0.178
	60~80	0.975±0.098	1.686±0.223	32.877±0.333
	80~100	0.977±1.256	1.589±0.234	28.635±0.298
	总计			190.388±1.412
	凋落物层			2.030±0.012

注：各个指标的数据表示为（平均值±标准差）。

对林下土壤进行野外采集，得到各个群落 0~1m 深度范围内土壤有机 C 密度，包括 0~20cm、20~40cm、40~60cm、60~80cm、

80～100cm 深度土层的土壤有机 C 密度。研究发现，秋茄、桐花树土壤剖面的有机 C 含量都随深度增加而显著递减，其中，秋茄 0～40cm 有机 C 含量在 2.737%～2.656% 之间，60～100cm 有机 C 含量在 1.576%～1.409% 之间；桐花树 0～40cm 有机 C 含量在 2.378%～2.653% 之间，60～100cm 有机 C 含量在 1.686%～1.589% 之间。表层 0～40cm 土壤有机 C 储量占 1m 深度土壤有机 C 总储量的 50% 以上，结合各个群落的面积，得到各个群落的固 C 量。该结果说明秋茄、桐花树表层土壤累积了较多的 C，结合野外观察发现，桐花树群落密度达（4.34±1.15）颗 /m²，这能够更有效地拦截凋落物等物质，截留有机物质，有利于有机 C 的截留与固存。

凋落物是植物生产力分配的重要组成部分，是红树林 C 循环研究中非常重要的环节。凋落物的季节变化以及物种间差别的评价，对评估红树植物生产力分配具有非常重要的意义。在凋落物产量中，大部分为凋落叶，其次为繁殖体和枝条。两个群落对比发现桐花树的凋落物产量明显低于秋茄群落，仅为秋茄群落的一半左右。

（4）总 C 储量

综合植被、凋落物和土壤有机 C 的研究结果，秋茄、桐花树群落 C 储量见表 6-19。秋茄群落总 C 储量为（246.77±2.367）t/hm²，土壤 C 库占到 84.62%；桐花树群落 C 储量为（216.278±2.267）t/hm²，土壤 C 库占 88.02%。可以看出，秋茄群落总 C 储量明显高于桐花树群落 C 储量，且以土壤 C 库为主，植被 C 储量占 13.51%～12.53%。典型红树秋茄、桐花树群落土壤 C 储量明显高于多数森林和湿地。刘世荣等的研究表明，中国各类森林土壤的平均固 C 量为 107.8 t/hm²，其中，天然林土壤固 C 量为 109.1 t/hm²，人工林 107.1 t/hm²，说明红树林土壤具有较强的固 C 能力。

表6-19 不同植被群落的生态系统C储量

群落	植物C库 / (t/hm²)	凋落物C库 / (t/hm²)	土壤C库 / (t/hm²)	总计 / (t/hm²)
秋茄	33.34±1.92	5.34±0.034	208.086±1.267	246.77±2.367
桐花树	23.86±1.73	2.03±0.012	190.388±1.412	216.278±2.267

注：各个指标的数据表示为（平均值±标准差）。

目前，国内外对红树林土壤C储量研究得不多，研究的土层深度从30cm、1m到3m或数米不等。而红树林湿地土壤C储量占其生态系统总C储量的比例很高。在印度Sundarbans红树林，土壤0~30cm的C储量为5.49 Tg，占该地区红树林湿地总C储量的21%。日本Manko地区的单一种群秋茄红树林1m深的土壤、0~3m深的土壤C储量占各研究区总C储量的49%~90%。本研究中，土壤C库占84.62%；桐花树群落C储量为（216.278±2.267）t/hm²，土壤C库占88.02%。秋茄群落总C储量明显高于桐花树群落C储量，且以土壤C库为主，典型红树秋茄、桐花树群落土壤C储量明显高于多数森林和湿地，说明红树林土壤具有较强的固C能力。这与草地生态系统中净初级生产力的60%~90%分配于地下部分，地下生物量通常超过地上生物量2~5倍的研究结果一致。秋茄、桐花树通过根系脱落输入到土壤中的C也远远超过了地上凋落物的C输入量。由此可见，植被根系主导的地下C过程在生态系统C平衡中占据着极其重要的地位。

（5）CO_2摩尔分数倍增后植被C储量估算

在本研究中，由于是模拟短期CO_2倍增情景下秋茄、桐花树C储量的变化，未考虑底泥及凋落物的影响，构建的C储量方程仅为植被C储量，故将实测秋茄、桐花树茎高、基径代入6.2.3构建的C储量方程，估算CO_2摩尔分数倍增后的植被C储量。结果见表6-20。秋茄实测C储量为（33.34±1.92）t/hm²，方程测算C储量为（32.78±0.2）t/

hm^2；桐花树实测 C 储量为（23.86±1.73）t/hm^2，方程测算 C 储量为（25.12±0.64）t/hm^2。实测值与方程测算值结果较为一致。

表6-20　不同植被群落下的生态系统C储量

群落	CO_2摩尔分数（μmol/mol）	植被 C 储量方程	茎高 /m	基径 /cm	植被 C 储量方程估算值 /（t/hm^2）	植被实地 C 储量 /（t/hm^2）
秋茄	350	$C_{整株}$=-3.22 $+0.47H+0.13D^2H$	3.99±0.25	8.11±0.35	32.78±0.27	33.34±1.92
	700	$C_{整株}$=8.15 $+0.2H+0.15D^2H$	4.90±0.23	10.91±0.34	—	96.61±2.13
桐花树	350	$C_{整株}$=-4.15 $+0.42H+0.64D^2H$	1.47±0.15	5.50±0.75	25.12±0.64	23.86±1.73
	700	$C_{整株}$=4.10 $+0.23H+0.58D^2H$	1.99±0.16	7.13±0.73	—	63.22±1.69

注：各个指标的数据表示为（平均值±标准差）。

根据前述研究短期模拟试验内 700μmol/mol CO_2 环境条件下，较 350μmol/mol CO_2 环境条件下，秋茄茎高、基径分别增高22.87%、34.51%，桐花树茎高、基径分别增高35.72%、29.63%，估算 700μmol/mol CO_2 环境条件下秋茄、桐花树茎高、基径分别为 10.91m±0.34m、7.13cm±0.73cm，并代入 700μmol/mol CO_2 摩尔分数环境条件下的 C 储量方程，预测出秋茄 C 储量为（96.61±2.13）t/hm^2、桐花树 C 储量为（63.22±1.69）t/hm^2。

将实测秋茄、桐花树的茎高、基径代入建立的 C 储量方程，秋茄实测 C 储量为（33.34±1.92）t/hm^2，方程测算 C 储量为（32.78±0.20）t/hm^2；桐花树实测 C 储量为（23.86±1.73）t/hm^2，方程测算 C 储量为（25.12±0.64）t/hm^2。实测值与方程测算值结果较为一致。根据构建的 C 储量方程预测出 700μmol/mol CO_2 环境条件下秋茄 C 储量为（96.61±2.13）t/hm^2、桐花树 C 储量为（63.22±1.69）t/hm^2。

6.3 本章小结

CO_2摩尔分数倍增情景下，秋茄与桐花树的株高（H）、基径（D）、生物量（C）和苗木品质指数（QI）与土壤、水中 C 含量（TC、TOC、IC）、N 含量（TN、NH_4^+-N、NO_3^--N）的变化呈显著正相关性。秋茄生物量（C）与土壤中 TOC 呈极显著相关。桐花树株高、基径、生物量及苗木品质指数与土壤和水中 TN、NO_3^--N 呈显著正相关关系。水、土壤中 C、N 含量的增加促进了桐花树的长高和增粗及苗木生物量的累积，有利于苗木品质优化。

700μmol/mol 的 CO_2 处理下，秋茄、桐花树总 C 储量比 350μmol/mol 的 CO_2 处理下分别高出 17.2%、5.6%，CO_2 摩尔分数越高，植株的固 C 能力越强，CO_2 摩尔分数倍增显著提升了秋茄树种 C 储量。针对秋茄而言，三个器官 C 储量值大小为根＞叶＞茎，树根作为 C 素同化器官具有较强的固 C 能力，占固 C 量总值的 42% 以上；而桐花树中器官 C 储量大小为叶＞根＞茎。秋茄各器官及整株 C 储量值明显高于桐花树，说明相比桐花树而言秋茄具有更好的固 C 效果。

在 CO_2 摩尔分数倍增的条件下，N 储量降低，秋茄在两种 CO_2 处理下的 N 储量分别为（4.31±0.33）g·m^{-2}、（4.28±0.40）g·m^{-2}，桐花树分别为（3.02±0.45）g·m^{-2}，（2.76±0.35）g·m^{-2}，两者间没有明显差异。这可能是由生物量增加引起的稀释效应，植物各器官中总 N 含量随 CO_2 摩尔分数升高而降低，并因功能器官和生长阶段的不同而有所差异。不同树种各器官组成之间生物量与 N 储量存有一定的差异，针对秋茄而言，三个器官 N 储量值大小为根＞叶＞茎，而桐花树中 N 储量大小为叶＞根＞茎。

分别选取秋茄和桐花树共两种植被类型，采用标准株和数量化模型结合的方法，以直接测量调查得到的植被基径（D）、株高（H）以及通过它们计算得到的 D^2 和 D^2H 等有实际意义的参数构建 C、N 储量方程，并进行拟合优度评价。C 储量方程结果的决定系数均大于 0.9，表明拟合度较优。结合 SSe、MSe 和 F 值说明，拟合回归方程满足研究的精度要求，在秋茄、桐花树 C 储量估测工作中可以推广应用。N 储量方程结果的相关系数在 0.80～0.96 之间，结合 SSe、MSe 和 F 值说明，拟合回归方程基本满足研究的精度要求，与 C 储量拟合结果相比相对较差，这说明与 N 储量相比，植株各器官生物量与 C 储量的相关性更高，拟合程度更优，C 储量与器官生物量的关系更大。

秋茄实测 C 储量为（33.34±1.92）t/hm²，将实测秋茄、桐花树的茎高、基径代入建立的 C 储量方程，C 储量方程估算值为（32.78±0.20）t/hm²；桐花树实测 C 储量为（23.86±1.73）t/hm²，C 储量方程估算值为（25.12±0.64）t/hm²。实测值与方程测算值结果较为一致。根据构建的 C 储量方程预测出 700μmol/mol CO_2 环境条件下秋茄 C 储量将达（96.61±2.13）t/hm²、桐花树 C 储量达（63.22±1.69）t/hm²。

第七章

▲ ▲ ▲ ▲ ▲ ▲

主要结论与展望

本文以典型红树植物秋茄、桐花树为研究对象，在 CO_2 摩尔分数倍增情景下，对红树植物秋茄、桐花树湿地系统中植物性状，生物量，土壤—水—植物中 C、N 含量的变化，C、N 储量的变化等进行了研究，并结合 C 储量方程，对未来大气 CO_2 摩尔分数倍增（700μmol/mol）情景下 C 储量进行了估算，研究主要结果如下。

7.1　主要结论

① CO_2 摩尔分数倍增的环境条件下，秋茄和桐花树的基径和茎高明显提升，差异显著。秋茄、桐花树叶片各组织器官明显增厚，差异显著，且海绵组织增厚最多。根、茎、叶的生物量都显著升高，其中秋茄叶片生物量提高最多，提高了 20.53%，其次为根和茎；桐花树茎生物量提高最多，提高了 9.35%，其次为根和叶。这说明与根、茎相比，CO_2 摩尔分数升高对秋茄叶片和桐花树茎的生长有更加明显的促进作用。秋茄总生物量增加 17.22%，桐花树总生物量增加 6.4%，差异显著，说明 CO_2 摩尔分数增加对秋茄生物量有明显的促进作用，起到了"施肥"的效果。

试验结果表明，在 120d 的试验期内，CO_2 摩尔分数倍增会给红树植物秋茄、桐花树生长带来有利影响，这与 CO_2 摩尔分数倍增对绝大多数陆生植物的影响是一致的。秋茄、桐花树是典型的红树林植物，其叶片可以和空气充分接触，CO_2 摩尔分数倍增促进了植物的光合作用，同时也促进了中营养水平下秋茄、桐花树的生长，这与前人关于 CO_2 摩尔分数倍增对陆生植物生长促进程度的报道一致。

② 随着 CO_2 摩尔分数的上升，溶解在未栽培植物水中的 TC、TN 浓度没有显著升高，CO_2 溶解在水中形成的 HCO_3^- 没有因为上覆水接触面而发生显著改变。因此，可以认为，系统中的各种 C 组分及 C、N 含量的变化是由植物系统所产生的。

水体中 C 素含量并未因 CO_2 摩尔分数的急剧上升而出现快速改变，在该情景下，大量 DOC 进入水体，但也由此导致水体中 IC 被大量消耗，极大地降低了水体中 IC 的含量。同时，由于水中吸收了大量 DOC，由此而促使水中 TC 含量快速增加。水中 TOC 显著升高，IC 降低，但由于 TOC 增加的量大于 IC 消耗的量，水中 TC 含量呈上升趋势。水体中的 NO_3^-（硝态氮）质量浓度增高，NH_4^+（氨态氮）质量浓度后期降低明显，差异显著（P＜0.05），培养后期硝化作用在系统中起主导作用，水体中 TN 质量浓度总体增高。在系统的土壤中，TN 质量浓度都呈下降趋势，随着大气 CO_2 摩尔分数的上升，土壤中的 TN 被快速消耗，土壤中 TN 的矿化强度增强。

在 C/N 收支方面，与低摩尔分数 CO_2 处理过的植株比较，700μmol/mol CO_2 处理的秋茄、桐花树红树林湿地模拟系统中的 TC 含量有所增加。不断上升的 CO_2 摩尔分数导致湿地系统中秋茄生物量明显增加，以丰富的 C 素为湿地微生物进行补充，进一步增强了湿地微生物的活性。故认为湿地微生物就能够更有效地分解有机氮，加快土壤 N 素的矿化，使土壤 TN 含量下降的同时向水体中释放大量的无机氮，使水中的 TN 浓度增加，总的表现为 TN 质量浓度有所下降。

通过对湿地土壤磷脂脂肪酸含量的分析表明，在高摩尔分数 CO_2 的作用下，土壤的微生物种群发生改变，C17：0 的数量显著升高，硝化活性增强；表征反硝化能力的 C16：1ω5c 和 cycC17：0 的数量显著升高，土壤微生物种群反硝化作用增加；可见，CO_2 摩尔分数的升高促进了湿地土壤微生物的活性增强，能够加快 C、N 等微生物养分底物的循环过程。CO_2 摩尔分数倍增后，各组分 PLFAs 也都不同程度地增加，湿地土壤的总微生物量显著提升，湿地中微生物的活性增强。

③ 研究结果表明，CO_2 摩尔分数倍增情景下，秋茄与桐花树的株高（H）、基径（D）、生物量（C）和苗木品质指数（QI）与土壤、水中 C 含量的变化呈显著正相关性，秋茄生物量（C）与土壤中 TOC 呈极显著相关。桐花树株高、基径、生物量及苗木品质指数与土壤和水中 TN、$NO_3^- - N$ 呈显著正相关关系。水、土壤中 C、N 含量的增加促进了桐花树长高和增粗及苗木生物量的累积，有利于苗木品质优化。

在 CO_2 浓度倍增的条件下，植株 C 储量升高，N 储量降低，通过分析秋茄、桐花树生物量与 C、N 储量的关系，利用逐步线性回归方程构建植物各器官生物量与 C、N 储量的方程，并进行拟合优度评价。C 储量方程结果的决定系数均大于 0.9，表明拟合度较优。结合 SSe、MSe 和 F 值说明，拟合回归方程满足研究的精度要求，在秋茄、桐花树 C 储量估测工作中可以推广应用。

通过实地调查分析，海南东寨港红树林群落以秋茄为主，桐花树次之，秋茄实测 C 储量为（33.34±1.92）t/hm^2，将实测秋茄、桐花树的茎高、基径代入建立的 C 储量方程，C 储量方程估算值为（32.78±0.20）t/hm^2；桐花树实测 C 储量为（23.86±1.73）t/hm^2，C 储量方程估算值为（25.12±0.64）t/hm^2。实测值与方程测算值结果较为一致。根据构建的 C 储量方程预测得出，700μmol/mol CO_2 环境条件下秋茄 C 储量为（96.61±2.13）t/hm^2、桐花树 C 储量为（63.22±1.69）t/hm^2。

7.2 研究展望

① 对 C、N 的组分转变过程及主要循环过程作进一步深入研究，计划在 C、N 代谢途径及分配规律的研究中引入同位素示踪法。

② 对红树林湿地 C、N 含量受短期内 CO_2 摩尔分数上升的影响进行了研究，下一步将重点对气候受 C、N 耦合长期变化的影响进行研究。

③ 枯落物是土壤重要的 C 源，枯落物的数量和种类都对系统 C 累积有重要影响。有机物输入对土壤活性 C 组分的长期影响需要进一步研究。

④ CO_2 摩尔分数倍增能够通过改变氧气条件、C 源补给等途径提高微生物的活性和微生物量，但是微生物群落和数量变化的机理还不是十分明确，可以更深入地研究。

参考文献

[1] 陈清华, 等. 中国红树林生物多样性调查（广东卷）[M]. 青岛：中国海洋大学出版社, 2021.

[2] 自然资源部办公厅, 国家林业和草原局办公室. 红树林生态修复手册 [M]. 2021.

[3] 尹飞虎, 李晓兰, 董云社, 等. 干旱半干旱区 CO_2 浓度升高对生态系统的影响及碳氮耦合研究进展 [J]. 地球科学进展, 2011, 26（2）：235-244.

[4] 廖宝文, 李玫, fotoe. 红树林 中国海岸的绿丝带 [J]. 森林与人类, 2010（2）：80-85.

[5] 郭志华, 张莉, 郭彦茹, 等. 海南清澜港红树林湿地土壤有机碳分布及其与 pH 的关系 [J]. 林业科学, 2014, 50（10）：8-15.

[6] 吕铭志, 盛连喜, 张立. 中国典型湿地生态系统碳汇功能比较 [J]. 湿地科学, 2013, 11（1）：114-120.

[7] 张莉, 郭志华, 李志勇. 红树林湿地碳储量及碳汇研究进展 [J]. 应用生态学报, 2013, 24（4）：1153-1159.

[8] 颜葵. 海南东寨港红树林湿地碳储量及固碳价值评估 [D]. 海口：海南师范大学, 2015.

[9] 李真. 海南岛红树林湿地土壤有机碳库分布特征研究 [D]. 海口：海南师范大学, 2013.

[10] 胡杰龙. 红树林土壤温室气体的排放规律及影响因素研究 [D]. 海口：海南师范大学, 2015.

[11] 陈卉. 中国两种亚热带红树林生态系统的碳固定、掉落物分解及其同化过程 [D]. 厦门：厦门大学, 2013.

[12] 林鹏. 湿地研究概述 [J]. 国际学术动态, 1997（6）：5-5.

[13] 林鹏, 陈德海, 李钨金. 两种红树叶的几种酶的生理特性与海滩盐度的相关性初探 [J]. 植物生态学与地植物学丛刊, 1984, 8（3）：222-227.

[14] 杨松涛, 李彦舫, 胡玉熹, 等. CO_2 浓度倍增对 10 种禾本科植物叶片形态结构的影响 [J]. Acta Botanica Sinica, 1997（9）：859-866.

[15] 李春艳, 王继华, 华德尊, 等. 湿地微生物在城市湿地氮循环系统的效应研究 [J]. 北京林业大学学报, 2008, 30（S1）：278-281.

[16] Shackleford W P, Proctor F M, Michaloski J L. The neutral message language: a Model and method for message passing in heterogeneous environments [C]. World

Automation Conference. 2000.

[17] Boeger M R T，Alves L C，Negrelle R R B. Leaf morphology of 89 tree species from a lowland tropical rain forest（Atlantic forest）in South Brazil [J] . Brazilian Archives of Biology & Technology，2004，47（6）：933-943.

[18] 贺锋，吴振斌，陶菁，等 . 复合垂直流人工湿地污水处理系统硝化与反硝化作用 [J] . 环境科学，2005，26（1）：47-50.

[19] Marissink M，Hansson M. Floristic composition of a Swedish semi-natural grassland during six years of elevated atmospheric CO_2 [J] . Journal of Vegetation Science，2010，13（5）：733-742.

[20] 林光辉，卢伟志，陈卉，等 . 红树林湿地生态系统碳库及碳汇潜力的时空动态分析 [C] . 温州：中国红树林学术会议 . 2011.

[21] 宋长春，宋艳宇，王宪伟，等 . 气候变化下湿地生态系统碳、氮循环研究进展 [J] . 湿地科学，2018（3）：148-155.

[22] 于宇，李学刚，袁华茂 . 九龙江口红树林湿地沉积物中有机碳和氮的分布特征及来源辨析 [J] . 广西科学院学报，2017，33（2）：75-81.

[23] 王宗林，吴沿友，邢德科，等 . 泉州湾红树林湿地土壤 CO_2 通量周期性变化特征 [J] . 应用生态学报，2014，25（9）：2563-2568.

[24] Long S P，Ainsworth E A，Leakey A D，et al. Global food insecurity. Treatment of major food crops with elevated carbon dioxide or ozone under large-scale fully open-air conditions suggests recent models may have overestimated future yields [J] . Philosophical Transactions of the Royal Society B：Biological Sciences，2005，360（1463）：2011-2020.

[25] 康文星，赵仲辉，田大伦，等 . 广州市红树林和滩涂湿地生态系统与大气二氧化碳交换 [J] . 应用生态学报，2008，19（12）：2605-2610.

[26] 张韵 . 三沙湾湿地主要植被的固碳能力及修复进展研究 [D] . 青岛：中国海洋大学，2013.

[27] 刘珺，张齐生，周培国，等 . CO_2 摩尔分数倍增对秋茄湿地碳、氮循环影响的模拟 [J] . 东北林业大学学报，2017，45（5）：80-84.

[28] 梅雪英，张修峰 . 长江口典型湿地植被储碳、固碳功能研究——以崇明东滩芦苇带为例 [J] . 中国生态农业学报，2008，16（2）：269-272.

[29] 康文星，王卫文，何介南 . 洞庭湖湿地草地不同利用方式对土壤碳储量的影响 [J] . 中国农学通报，2011，27（2）：35-39.

［30］ 王文卿，石建斌，陈鹭真，等．中国红树林湿地保护与恢复战略研究［M］.北京：中国环境出版社，2021.

［31］ 陈雅萍，叶勇．红树林凋落物生产及其归宿［J］.生态学杂志，2013，32（1）：204-209.

［32］ 张乔民，于红兵，陈欣树，等．红树林生长带与潮汐水位关系的研究［J］.生态学报，1997，17（3）：258-256.

［33］ 王文卿，王瑁．中国红树林［M］.北京：科学出版社，2007.